人類文明小百科

Volcans et séismes

火山與地震

JACQUES-MARIE BARDINTZEFF 著

呂一民 譯

三民書局

Crédits photographiques

Couverture : p. 1 au premier plan, Maurice Krafft au Piton de la Fournaise (île de la Réunion) © Krafft/I et V/HOA-QUI ; au second plan, lave du volcan Mauna Loa (Hawai) © Krafft/I et V/HOA-QUI ; p. 4 La Grande Vague (Hokusai, 1760–1849), Metropolitan Museum (New York) © Archives SNARK/EDIMEDIA.

Les photographies non référencées appartiennent à leur auteur : Jacques-Marie Bardintzeff.

Ouvertures de parties et folios : pp. 4-5 Volcan de la Fournaise, Réunion (île de la) © Luc Girard/EXPLORER ; pp. 24-25 Éruption de l'Etna
(cratère nord-est, sept. 1986) © François Xavier Marit/COSMOS ; pp. 54-55 Centrale géothermique de Nesjavellir (Islande), photo de l'auteur ; pp. 70-71 Séisme à Kobe (Japon, janv. 1995) © Hires/GAMMA.

Pages intérieures : p. 10 © ESA/Ciel et Espace ; p. 11 © N.A.S.A./PIX ; p. 12 © N.A.S.A./Ciel et Espace ; p. 13 © JPL/Ciel et Espace ; p. 27 © Krafft/HOA-QUI ; p. 31 © Jean Roignant/HOA-QUI ; p. 32 © IFREMER ; p. 40 © Robert M. Carey, NOAA/Science photo Library/COSMOS ; p. 42 © FUMIURI-ORIONPRESS/SIPA PRESS ; p. 43 © David Hardy/S.P.L./COSMOS ; p. 45 © T. Orban/SYGMA ; p. 46 © Richard Vogel/GAMMA ; p. 51 © Krafft/HOA-QUI ; p. 53 © EXPLORER ; p. 58 en haut © Goudouneix/EXPLORER, en bas © Agnès Chaumat ; p. 59 © J. Perno/EXPLORER ; p. 62 Bourseiller/HOA-QUI ; p. 64 Metropolitan Museum (New York) © EDIMEDIA ; p. 67 © Hiroyuki Matsumoto/EXPLORER ; p. 72 © David Weintraub/EXPLORER ; p. 75 © Peter Marlow/MAGNUM ; p. 78 © AFP ; p. 79 © David Parker/Science photo Library/COSMOS ; p. 82 © AFP ; p. 83 © Hosaka Naoto/GAMMA ; p. 90 Isabelle Bardintzeff.

Couverture (conception-réalisation) : Jérôme Faucheux.
Intérieur (conception-maquette) : Marie-Christine Carini.
Réalisation P.A.O. : Médiamax.
Illustrations : Patrick Morin.
Cartes : Service de cartographie, Hachette.

目
次

世界的火山

地獄的通風口

兀爾肯的鐵匠鋪

火與鍛冶之神兀爾肯在獨眼巨人的幫助下，在火山*腳下的偌大鐵匠鋪裡工作著。只要他一發怒，火山就會噴發*。

史前與古代的傳說

一百萬年前的祖先對大自然的某些現象，如暴雨、旋風、颶風等頗為害怕。那些生活在火山附近的人在火山爆發時尤其感到恐懼。火山爆發時，熾熱的岩漿從火山口噴出，燃燒了整個森林，灼熱的火山彈*散落四周，火山灰*覆蓋了原有的景色。

古代的人們曾試圖描繪火山並想辦法理解這些奇特的現象。在土耳其發現的一幅有八千年歷史的壁畫，所表現的正是火山噴發的景像。其他地方也有提到：洪水爆發之後，挪亞方舟擱淺在土耳其的亞拉臘火山上，挪亞、他的家人以及各類動物中的一對因此得救了。

希臘人與拉丁人的神明

希臘人認為，火山是諸神的王國。根據他們的說法，有一天，宙斯的妻子，赫拉女神大發雷霆，把她的兒子赫發斯特斯從他們居住的奧林匹斯山的山頂拋了下去。瘸腿又奇醜無比的他只好在火山下避難。後來，在獨眼巨人的幫助下，他在一家偌大的鐵匠鋪裡工作並因此成了火與鍛冶之神。他與其他人一起鑄造了阿波羅的青銅箭，雕鏤了阿奇里斯

6

世界的火山

的盾牌，並錘打了赫克利斯所向無敵的盔甲。後來，他與美麗和愛情之神阿芙柔黛蒂結為夫妻，但是這位年輕的女子只把他當成一個醜陋且愛發脾氣的丈夫，經常地欺騙他。於是，赫發斯特斯生氣了，他像發了瘋似地發動一次火山爆發。

拉丁人也有同樣的傳說，且拉丁眾神的名字更為我們所熟知：宙斯名為朱彼得，赫拉叫做茱諾，阿芙柔黛蒂是維納斯，赫發斯特斯則為兀爾肯(Vulcain)。「火山」(Volcans)便是依據兀爾肯的名字命名的。

阿克羅蒂里的
考古發掘

在希臘的桑托林島上，考古學家們發現了一個公元前十五世紀的古老城市。這座城市在一次火山噴發時被火山灰*與浮石*完全地覆蓋。

亞特蘭蒂斯

公元前四世紀的哲學家柏拉圖曾說，很久以前，有一個面積龐大的大陸——亞特蘭蒂斯，在一場可怕的災難中被大海淹沒，突然地消失了。考古學家在愛琴海的桑托林島上發現了一個被稱為阿克羅蒂里的古老城市遺跡。人們從數公尺厚的火山灰與浮石*中清理出兩層樓的房子及裝滿雙耳尖底甕的商店。於是我們知道，桑托林島是一個火山島：公元前1500年左右的一次噴發引起了島上某些地方的崩塌。這塊地方是否就是傳說中的亞特蘭蒂斯呢？

7

註：帶星號*的字可在書後的「小小詞庫」中找到。

世界的火山

維蘇威山腳下的龐貝

公元79年，維蘇威火山噴出的熔岩湮沒了龐貝城。後來，這座城市的遺跡被清理了出來。我們在背景中可看到維蘇威火山可怕的輪廓。

世界的火山

至今，人們對火山*仍然感到恐懼。1960年7月17日，埃特納火山的噴發引起了美蘇關係的緊張，人們甚至擔心這是一場核武衝突。人們看到埃特納火山噴發的情景，竟恐懼地以為是原子彈爆炸產生的蘑菇雲*。

神聖的火山

不同文明的傳說與神話都敘述了類似的故事：火山*的一舉一動就像個受傷的英雄。他透過火山口*呻吟著，吐出煙般的氣息，傷口流出熔岩*似的血。

在尼加拉瓜，印第安人把最漂亮的年輕姑娘作為祭品投入馬薩亞火山的熔岩湖裡，以平息火山的怒氣。

距今並不久遠的年代裡，新赫布留底群島中塔納島上的亞蘇爾火山曾被視為聖山。人們被禁止在島上行走，地質學家亦不准拿榔頭去採取岩石標本。

在日本，每年有四百萬朝聖者，登上海拔高達3776公尺的富士山，其中一些人還穿著白色的衣服。

8

最早的科學家

公元前五世紀，希臘的哲學家與科學家已經對火山有所認識。隱居於西西里埃特納火山之上的哲學家恩培多克勒，就在他試圖揭穿這地心之火的奧秘時，掉進了火山口。火山只噴出了他腳上便鞋的一隻！在這之後，博物學家老普里納與其侄子小普里納在距火山很近的地方研究了維蘇威火山公元79年時的可怕噴發*。正是這次噴發湮沒了龐貝、赫拉克拉內、斯塔皮埃斯等城市。老普里納在火山噴發時死亡，而小普里納成了第一個詳細敘述火山噴發的人。

在路易十四統治時期，人們還不知道奧弗涅山是古代的火山！到了1752年，地質學家讓一艾蒂安·蓋塔爾才首次明白了這一點。現在，人們對火山已經知道得更多。但是，面對這樣可怕的自然現象，人們有時還是會聯想到神祇的發怒。

在新赫布留底群島舉行的儀式

當地人定期舉行一種對火山*表示敬意的儀式。在塔納島，亞蘇爾火山是神聖的：未經村莊首領的批准，禁止登上此山！

亞蘇爾火山

這一位於大洋洲新赫布留底群島中的火山始終在活動。隨著一種沉悶的聲音，每隔十或十五分鐘便噴射出一種黑色火山灰*的蘑菇雲。

世界的火山

地球：活動的行星

地球有時會藉火山*和地震*來證明自己是活的。相反的，月球則是死的：在那裡，火山已經有很長的時間沒有噴發，也不再有地震（我們也可以說月震！）。

儒勒・凡爾納所講的在地球中心的旅行當然是不可能的，因為地心的壓力與溫度是人無法忍受的。每深入 1 公里，溫度就升高30度。在地下工作的礦工最清楚這點了。地心的溫度有5000度，岩石會熔化嗎？不，事實不是這樣的，因為在極高的壓力下，岩石是不可能熔化的。

世界的火山

從太空中看到的地球
由氣象衛星拍攝下來的地球有四分之三的地方被海洋所覆蓋。人們可辨認出歐洲、非洲、阿拉伯半島和南美洲的一部分。

地球的圓周為4萬公里,也就是說半徑為6370公里。借助眾多的科學儀器,人們對地球內部的構造已知道得很清楚。我們生活在地球最表面的部分,叫作「地殼」,由石灰岩、花崗岩*、玄武岩*組成。地殼的平均厚度是30公里,但是,有時在山脈之下會厚達70公里,而在海洋之下則只有10公里。不管怎麼說,與地球的體積比起來,這一厚度是非常薄的。在「地殼」之下,一直到深度2900公里的地方,存在著橄欖石的綠色礦物組成的「地幔」。最後,地球的中心被由鎳與鐵構成的「地核」所占據。人們經常拿地球與雞蛋相比。蛋殼相當於「地殼」,蛋白相當於「地幔」,蛋黃則相當於「地核」。

月球

月球是一顆死氣沉沉的行星。上面是死火山與「月球的海洋」(寧靜海)。後者是大片的固體狀熔岩*。月球表面布滿隕星撞擊下坑坑洞洞的火山口。

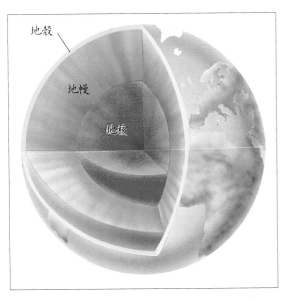

11

地球的剖面圖

有6370公里半徑與4萬公里圓周的地球由三部分組成:中心的地核、居於中間的地幔和最表面的地殼,而地殼的厚度只有幾十公里。

世界的火山

其他行星上的火山

人們長期以來在思忖，是否太陽系的其他行星上也有火山*呢？在1978年被送往木星附近的美國太空探測火箭「旅行者一號及二號」發回了這顆行星的照片。它們在木星的衛星之一「木衛一」上，拍攝到了比地球上的火山更強烈的火山噴發*。噴發時的氣流*高達海拔300公里。我們甚至看到了直徑超過20公里的巨大火山口*，以及長達數百公里的熔岩*流！地球與木衛一是目前被確認有活火山的星體。但是，在木衛一上，噴發出大量硫黃的火山與地球上的火山是有很大差別的。

人們知道火星上存在著數億年以來始終沉睡著的古老火山。其中之一的奧林匹斯山，

木衛一上的火山活動

在木星的衛星木衛一上，太空探測火箭「旅行者號」已經拍攝到了八個正在噴發*的火山*。這都是些巨大的火山，火山口*的直徑超過了20公里，噴出的熔岩流有數百公里長。

世界的火山

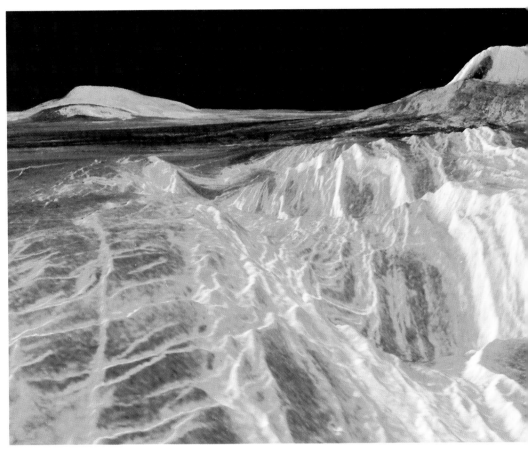

高達25公里，是埃佛勒斯峰的三倍！金星的二氧化碳氣雲使我們一直無法看到它的表面。但是，太空船上發出的雷達測試顯示，金星上有與火山相像的形狀存在，甚至可能是活火山。未來的太空計劃將會使我們大吃一驚。

金星上的火山

「麥哲倫號」探測火箭的雷達照片顯示出，在地球的姐妹行星金星上，有大量的火山，其中某些火山呈現餅狀。

世界的火山

火山在什麼地方?

亞　洲

北極圈

拉基　阿斯基亞

蘇爾特賽　冰島

歐洲

中央山地　義大利

亞速爾群島　斯特隆布利火山　維蘇威

卡普林奧斯　西西里　埃特納　阿勒拉特山

加那利群島

北迴歸線

日本

雲仙山　富

櫻島

非　洲

維德角島　尼奧斯湖　艾爾塔—阿爾

赤道　喀麥隆山

皮納圖博　馬榮

塔阿爾　菲律賓

托巴　阿彼蘇

大西洋　尼亞馬拉吉拉　倫蓋火山

尼拉貢戈　吉力馬札羅

印　度尼西亞

克拉卡托亞　坦博拉　巴布亞新

加龍岡

聖—赫勒拿島

南迴歸線

馬達加斯加

內熱山頂

富爾奈斯山頂

留尼旺

梅拉比

克盧特

卡瓦—伊德根

澳大利亞

新阿姆斯特丹

14

聖—保羅島

克羅澤群島　澳洲領地

克爾蓋倫群島

洋

世界的火山　南極圈

南極大陸

北　極　海

阿拉斯加

奧古斯丁
結梅

貝絲米亞尼

堪加半島

北美洲

阿留申群島

太

加
士
傑
山
脈

瓜特羅普
瓜特羅普的硫黃礦
多明尼克
馬提尼克
珀萊山
聖－露西島
聖－樊尚島

加勒比海

安地列斯群島

莫納克亞　基拉韋厄
夏威夷

波波卡特
貝特爾
帕里庫丁
墨西哥
奇宗

中美洲

阿爾納爾
波阿斯
加拉帕戈斯

魯伊斯火山
加勒拉斯

欽博拉索

南美洲

平

包友

新赫布留底

安布里姆
亞蘇爾

法屬玻里尼西亞

馬爾濟斯
大溪地　土阿莫土
社會群島

安

地

艾密斯第

斯

洋

麥克唐納

復活節島

山

亞奧路
紐西蘭

脈

15

赫得遜

5000km

世界的火山

火山*並非是胡亂地分布在地球上的，相反的，大部分的火山集中在某些特別的地區。

太平洋的火山圈

太平洋的周遭完全被火山*所包圍。我們按照逆時針的方向一起來看一下這些火山。

首先是有地球上最高火山的南美洲安地斯山脈（在智利，高度6900公尺）。 中美洲山脈（墨西哥）緊隨其後。接著是北美洲著名的聖－海倫斯山的卡斯卡爾斯山脈。繼之，我們把阿拉斯加、阿留申群島與太平洋另一頭俄羅斯的堪察加半島和千島群島連接起來。然後，終於來到了日本，接著是菲律賓、新幾內亞（也稱巴布亞）和紐西蘭。火山圈至此結束。

浮現在不同海洋中的某些火山弓狀物與火山圈的火山相像。例如，印度洋中的印度尼西亞弓狀物、大西洋中的加勒比海弓狀物（與法屬瓜特羅普島和馬提尼克島一起）以及義大利外海的第勒尼安弓狀物和靠近希臘的愛琴弓狀物。

聖－海倫斯山
位於美國西部的這座火山*是1980年5月18日一次重要噴發*的所在地。它因此被「去掉」了300公尺的高度。在爆發時折斷的樹幹漂浮在近景可見的「精靈湖」上。

16

世界的火山

海底火山

巨大的海底山脈由火山組成。其中一條海底山脈就從北到南延伸在大西洋的正中,但是,穿越這條山脈的船卻一點也看不到它! 人們稱其為中大西洋洋脊*,因為它就像一根巨大的脊柱。中大西洋洋脊的平均高度為1500公尺,但是,由於立於4000公尺深的地方,所以山頂離海面仍然有2500公尺的深度。不過,在某些例外的地方,這條海底山脈浮現了出來,組成火山群島,如冰島,還有拿破崙曾被流放過的聖-赫勒拿島。這條大西洋的火山洋脊延伸至印度洋與太平洋,總長達到了6萬公里,構成了地球上最大的山脈! 人們知道這條山脈非常活躍,因為堆積有大量固化的熔岩*。但是,人們從來沒有在這一地方看到過海底火山的噴發*。但,人們對海底下稱為冒煙者*的火山噴出的、高達160度至400度高溫的煙霧卻非常熟悉。

地殼的破裂

冰島廷維利爾的地殼劇烈地破裂,破裂處的兩側平均每年要互相遠離好幾公釐!

孤立的火山

某些火山例外地孤處於一個大陸或海洋之中。太平洋中的夏威夷群島、印度洋中的法屬留尼旺島,還有非洲的喀麥隆山就屬於這種狀況。在這些稱為「熱點」的特殊地方,地球的溫度高到了極點。

在某些特殊的情況下,人們也能夠目睹海底火山的噴發! 1957年,一艘在大西洋亞速爾群島海面上航行的船,因為海水沸騰而大吃一驚。這是海底火山噴發*的開始。這時,應在火山灰*噴射出來之前遠離此處。開普林荷斯火山從此誕生。同樣,1963年,在冰島的外海,蘇爾特賽島在一次長時間的火山噴發之後形成。

17

世界的火山

奧弗涅的火山

法國的中部為中央山地所占據，在那裡能夠看到火山*的驕傲：康塔爾、多爾山、中央山地山脈……

康塔爾與多爾山

康塔爾是一個火山高地，主要的城市是

世界的火山

中央山地的火山

在克萊蒙費朗與地中海之間伸展著許多火山高地。最老的火山*已有數百萬年的歷史，而最年輕的火山則還不到一萬年。

奧里拉克與聖－弗洛爾。康塔爾（其直徑為50公里）與埃特納是歐洲兩個最大的火山。康塔爾無疑地已沉睡了數百萬年。當它還是活火山時，則和埃特納火山很相像。而且，最高點還超過了海拔3000公尺。自那以後，便開始崩塌，並因為侵蝕而衰退。在最後的冰川時代，那裡的冰塊鑿開了巨大的山谷，然而依然存在著一些山峰，如康塔爾的普隆布山(1854m)、馬里山(1785m)和格里歐山(1694m)，人們到處可見黑色的火山石。

多爾山是康塔爾的小弟弟，與康塔爾極為相像，只是更小、更年輕。直徑有35公里長，而且只沉睡了二十萬年。最高點是桑西山(1886m)。年齡為二百萬年、像孿生兄弟般的岩石杜伊里埃爾與薩納多瓦爾似乎永遠在面對面地望著。

肖德富爾的山谷

在奧弗涅多爾山的火山高地中，肖德富爾山谷的「雞冠峰」與「仇恨之牙峰」面對面地相望著。這是由侵蝕造成的兩個火山頂。

中央山地的山脈

中央山地的山脈由一百來個小火山組成，並排成一條長30公里，寬3公里的直線。它們的年齡大約幾十萬年，有的甚至更年輕。從地質學的觀點來看是很年輕的。參觀中央山地是一

五至六世紀時，用拉丁文編寫的修道院檔案描述了奧弗涅的「著火的山」。它會與克洛維時代的火山噴發*有關嗎？人們寧可認為是由雷電引起的大火災。

世界的火山

中央山地的山脈

位於奧弗涅中央山地上的火山體是一個形成時間距今不遠的火山體。我們可以辨認出帕里歐山的火山錐與深達80公尺的火山口*。後面則是多姆山。

種極為有趣的遊覽：人們可以收集稱為「白榴火山灰*」的紅色火山石，或登上一座火山*的頂峰。甚至可以下到帕里歐山現在被填沒的火山口*（直徑為340m，深度為80m）。科姆山有兩個火山口：大的火山口環繞著小的火山口。拉瓦什與拉索拉斯這對孿生火山的火山口是馬蹄鐵形的：人們說它們是「破口的」。相反的，多姆山沒有火山口。高大的薩爾庫伊火山像一只倒扣的鍋子。

奧弗涅火山會甦醒嗎？

奧弗涅火山上黑色、紅色岩石的年代似乎距今不遠，以致於人們認為它應該不會很快就甦醒！事實上，它最近一次的噴發*是在六千年前，也許還要更晚些。這也是處在火山口中、深達96公尺的帕萬湖的年齡。而六千年對於一座火山來說,只是一整夜的睡眠而已。所以，奧弗涅火山不可能在一年後或一千年後甦醒過來。火山學家正在那裡仔細地監視著。

20

勒皮伊昂維萊

在風景如畫的勒皮伊昂維萊城裡，聳立著高達80公尺的聖—米歇爾・戴基勒火山岩。一座十世紀浪漫風格的小教堂就建在它的山頂上。

世界的火山

法國海外領地的火山

在離法國本土很遠的地方，甚至在南半球，在這些法國的海外領地裡同樣有著許多火山。

安地列斯

安地列斯在加勒比海組成了一連串的火山島。屬於法國的有兩個：瓜特羅普與馬提尼克。在瓜特羅普島，火山稱為硫黃礦，因為它產生了許多硫黃。它經常冒煙並在1976年噴發過。馬提尼克島上的珀萊山是一座可怕的火山。〔珀萊 (Pelée) 在法語中意為「禿頂的」〕。其山名來自寸樹不生的圓頂。1902年，它的噴發造成了二萬八千人的死亡。至今人們還可以在已被完全摧毀的聖—皮埃爾市中看到火山噴發的痕跡。

瓜特羅普的硫黃礦

位於巴斯特爾半島，是安地列斯最活躍與最危險的火山*之一。最近一次的噴發*是在1976年。從圖中，我們可以清楚辨認出布滿直立熔岩的穹地。

世界的火山

21

在南方地區群島的南面，科學家們發現了一座海底火山*，並把它取名為麥克唐納火山，以紀念一位美國的火山學家。在1971年，即這座火山被發現的時候，火山還在海面下150公尺深的地方。但自那以後，它便不斷上升，現在離海面只有30公尺深。我們有機會目睹火山的浮現嗎？這一座新的島嶼該屬於誰呢？大概是法國吧！植物與動物將如何在這塊新的土地上繁殖呢？這些問題已經激起了地質學家和生物學家的興趣。

留尼旺

印度洋中的留尼旺島由兩座火山*組成。內熱山 (3069m) 是其中最高與最古老的火山。西勞斯、馬法特與薩拉澤冰斗造成的懸崖使人格外印象深刻。較低的富爾內斯山 (2631m) 則比較活躍，平均每兩年噴發*一次。長達數公里的熔岩流有時直達大海。

法屬玻里尼西亞

法屬玻里尼西亞由南太平洋中一百多個島嶼成一直線組成。包括了馬濟斯群島（保爾·高更與雅各·布雷爾就安葬於此）、土阿莫土群島、最大島為大溪地的社會群島以及南方地區群島。

這些島嶼都是海底浮出來的老火山，最高的火山在大溪地，高達2241公尺。其他的火山

珀萊山

安地列斯的珀萊山在1902年的噴發*中，伴隨著發光雲*的出現（見p.43及p.49），造成了二萬九千人的死亡（二萬八千人死於5月8日，一千人死於8月30日）。在前方，我們看到了1929年所噴出發光雲*的沈澱物，它們由火山灰*與火山塊石*混合組成。

22

世界的火山

凱格倫島
位於南印度洋中的凱格倫群島本來也是火山。我們在圖中可以看到名為「聖－安娜的手指」的火山錐。帝王企鵝在海灘上嬉戲著，一隻巨大的海象在旁邊午睡。

後來消失在大海裡，並被珊瑚覆蓋形成了環形的島嶼，即環礁，上面有漂亮的白沙與棕櫚樹。在這同一地區，也還存在著年輕的、活的海底火山，或許有朝一日它們會浮現出來。

南方地區群島

在印度洋南部，有四個已被完全遺忘的法屬島嶼：克羅澤島、凱格倫島、新阿姆斯特丹島與聖－保羅島，這四個島均由火山組成，有時我們可以在風景畫中看到。目前暫時是沈寂的，只有一些在這裡進行定期觀察的科學家住在這裡。

「馬里翁·迪費雷納號」每年會來南半球的科學基地幾次。這艘船有一百多公尺長，能對付著名的「吼叫的第四十」。長年累月以來它固定了人員的換班，並帶來了食物與生活的必需品。約有30個人長期待在克羅澤島與新阿姆斯特丹島，70-120人待在凱格倫島。

世界的火山

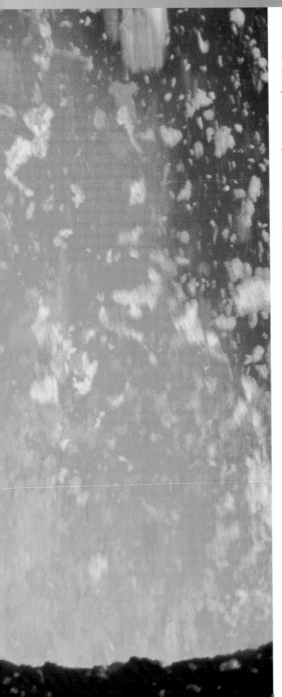

火山的誕生、存在與死亡

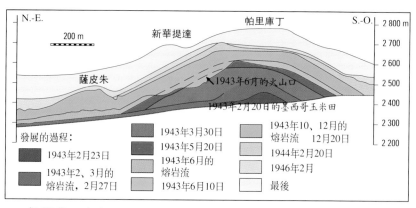

| N.-E. | | 新華提達 | 帕里庫丁 | | S.-O. | 2 800 m |

發展的過程：
- 1943年2月23日
- 1943年2、3月的熔岩流，2月27日
- 1943年3月30日
- 1943年5月20日
- 1943年6月的熔岩流
- 1943年6月10日
- 1943年10、12月的熔岩流 12月20日
- 1944年2月20日
- 1946年2月
- 最後

帕里庫丁火山發展示意圖

從1943年到1952年，它的發展持續了九年，火山錐的高度最後到達了424公尺。

火山*是地球表面一種特殊的開口。當它噴發*時，火山口*噴出稱為岩漿*的液體、固體與氣體的物質。火山因而具有一種特有的生命，就像人一樣，有出生，也有死亡。

玉米田中火山的誕生：帕里庫丁

1943年2月20日，印第安塔拉卡希塔語部落的墨西哥農民迪奧尼索‧普里多遇到了一次不尋常的意外事件。當時，他正在墨西哥城西300公里、帕里庫丁村不遠處的一片玉米田上幹活。迪奧尼索和他的妻子早就知道這片田中有一個深約1.5公尺的洞，而且這個洞似乎始終在凹陷，用土或廢料都無法填滿！2月20日下午，有隆隆的聲響從洞裡傳了出來。這個洞愈來愈大，並開始噴出火山灰*。

26

目睹火山的誕生是非同尋常的經驗。除了著名的帕里庫丁火山，人們只經歷過下列幾個火山的誕生：1759年的朱奧羅火山，也是在墨西哥；1938年在義大利那不勒斯附近的努奧沃火山；1943年在巴布亞的懷奧瓦火山。

火山的噴發

我們不難想像這對夫婦及其他目睹此一不可思議場面的鄰居有多麼恐懼。第二天早晨，即事件發生後12個小時，出現了一個10公尺高的火山錐，一個火山寶寶誕生了，隨即被命名為帕里庫丁火山。接著，它繼續發展，一個星期後達到了106公尺，一個月後148公尺，三個月後190公尺，十個月後299公尺，最後在1952年達到了424公尺。

被赦免的教堂

帕里庫丁火山火山灰的蘑菇雲高達6公里，火山灰落到了墨西哥城。從1943年7月份起，便不斷有熔岩*流出來。第二年，一些熔岩流向了聖胡安、帕朗加里庫蒂羅村。該村所有的房屋都被熔岩流所覆蓋，唯有露出在25平方公里固化熔岩地上的教堂幸免於難。數千名人員被撤離出來。

帕里庫丁

帕里庫丁火山1943年誕生於墨西哥的一塊玉米田裡。九年來噴射出的火山灰*與熔岩流*覆蓋了聖胡安村。只有教堂幸免。

27

火山的噴發

火山的生命與死亡

火山*生存的時間很長。珀萊山有三十萬年之久，其他的火山更有數百萬年的年齡。在火山下數十公里的深處，液體的岩漿*停滯在一個巨大的、容量數十萬立方公里的岩漿室*裡。但是，火山只是一個世紀一次，或一千年一次，或甚至還要更長的時間，把岩漿噴射到地面來表現自己。如果我們把火山與活到八十歲的人做個比較，火山的「一天」得持續好幾個世紀，五千年的休息相當於睡了整整「一夜」，於是，火山是可能會甦醒過來的。

如果一座火山數萬年都沒有表現自己，我們就可以肯定它已經死了。

火山與岩漿室

在火山的山體下，熔化的岩漿*滯留在一個巨大的岩漿室*內。當火山噴發*時，岩漿通過通道上升，並以火山灰*、火山彈*或熔岩流*的形式噴射出來。

火山的噴發

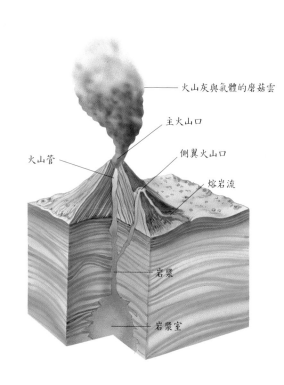

火山灰與氣體的磨菇雲

主火山口

側翼火山口

火山管

熔岩流

岩漿

岩漿室

火山的塊頭

火山的塊頭取決於其年齡，長期活動的火山通常較高。當然也應考慮到火山底部的海拔。在墨西哥，如果火山位於海拔2000公尺高的高原上，火山錐的高度為3000公尺，則該火山的最高處就會達到5000公尺。相反的，一座屹立在深達 2000 公尺海底的 3000 公尺高的火山就會只浮現出1000公尺。像留尼旺島上的內熱火山便是這樣的情形，其浮現的山頂只是山體的三十分之一。目前最高的火山為夏威夷的其納克亞火山。它屹立於海拔5500公尺處，山頂的高度為4206公尺，也就是說，它的總高度幾乎有 10000 公尺。這比埃佛勒斯峰還高！

聖—露西的火山寶寶

在安地列斯的聖—露西
硫黃礦，有一個幾公尺
高的「火山寶寶」噴出
含硫黃的火山氣體*。

噴發能持續多久？

噴發*持續的時間是極不固定的,通常是幾小時到幾天，夏威夷基拉韋厄火山的噴發十多年來還在繼續進行！

　　世界上每年平均有四十多次的火山噴發，這還不包括海底火山的噴發。1991 年 9 月1日至1992年9月1日，共計有45個火山噴發：20個在亞洲,13個在美洲,4個在大洋洲,2個在非洲,2個在歐洲,2個在太平洋的群島上，2個在印度洋的群島上。

火山的噴發

熔岩

熔化的岩石

從火山*裡流出來的橘紅色熔化的岩石,我們稱之為熔岩*,溫度在一千度左右。較稀薄的熔岩以每小時50公里左右的速度流出,與瀑布一起構成了一條真正的河流。當它冷卻時,會形成一種滿佈縐褶的「外皮」,固化的表面就像大堆的繩子,我們稱之為「繩狀熔岩」。較黏稠的熔岩前進較慢,每小時只前進數公尺,同時捲起了大量的塊石。為了表示這兩類型的熔岩,我們用了兩個源於夏威夷的奇怪術語:"pahoehoe"指稀薄的熔岩,"aa"指黏稠的熔岩。最長的熔岩流長達50或100公里。

紅色的熔岩流冷卻後變成了黑色的石塊,我們稱之為玄武岩*;這些石塊有時候會呈現六稜柱的奇怪形狀,我們稱之為「管風琴」,因為它們與管風琴的管子很像,在法國的聖-弗洛爾或埃斯帕利可以欣賞到。它們的表面很像愛爾蘭「巨人的圍堤」的大尺寸鋪路石。

夏威夷的熔岩流

極為稀薄的熔岩流從夏威夷的基拉韋厄火山中流了出來,在前進的過程中燃燒了草木。

繩狀熔岩

某些熔岩冷卻後很像一個繩堆,所以我們稱之為「繩狀熔岩」,夏威夷的一些熔岩就是如此。

30

火山的噴發

巨人的圍堤

某些熔岩流冷卻後形成了垂直的稜柱，就像是管風琴的管子。此圖攝於愛爾蘭，熔岩流的頂部就像由巨大的鋪路石所覆蓋，故名為「巨人的圍堤」。

　　由一堆熔岩流形成的火山形成一種坡度甚緩的錐形，我們稱之為「盾牌火山」，因為它們就像一塊巨大的盾牌。有時它們也被稱為「夏威夷式火山」，因為夏威夷的火山正是這類火山的典型。

人們能夠使熔岩流改變方向嗎？

熔岩流引起了巨大的損害，沒有東西能夠加以抵禦，人類的建築與植物只能被摧毀或覆蓋。人們有時利用推土機築建土壩來改變熔岩流的方向。最近，西西里島的埃特納火山發生了其「世紀噴發*」。從1991年12月開始，直到1993年3月底結束，共持續了473天。

31

坦尚尼亞的倫蓋火山*是完全非比尋常的火山，噴發的是很稀薄、成份很特殊的黑色熔岩*流。但冷卻並固化後，卻呈現出白色。

火山的噴發

火山噴出的熔岩*已超過25億立方公尺，即平均每秒鐘為6立方公尺！軍隊與消防隊員10天不眠不休，築起了一座以石塊與泥土為材料的屏障，長234公尺，高21公尺。但是，熔岩最後還是溢出了屏障。

1973 年從冰島赫爾加火山側翼噴流出來的熔岩，在消防隊員以滅火水管噴灑數千公升的海水後，終於冷卻和制止下來。

海底的熔岩

你知道海底存在著火山*。但是，你很難想像熔岩能從水底下流出！然而，這是千真萬確的。海底潛水員甚至在夏威夷的外海拍攝到一條注入大海的熔岩流。熔岩形成了直徑五十公分到一公尺的所謂「枕狀熔岩」的球狀物。人們在阿爾卑斯山區的布里昂松山上也發現了以前的球狀熔岩，證明此地區以前曾經有過海底火山，因而也表明海洋曾覆蓋過這一地區。

海底熔岩

這些海底流出的熔岩*呈現出像「墊子」或「枕頭」的特有形狀。在英語中，人們稱其為"pillow-lavas"（枕狀熔岩）。

32

火山的噴發

在夏威夷，熔岩流有時直達大海。水與火，兩種互不相容的元素展開了無情的搏鬥！海水在汽化，並加強了噴發*的爆發性。

穹丘

某些熔岩因為過於粘稠而無法流動。它們有點像牙膏管中的牙膏那樣從火山口*出來，冷卻後形成穹丘*。岩石是淺色的，且幾乎是白色的。著名的多姆山是最漂亮的例子，因而它的岩石被稱為「多姆石」。環法自行車大賽的自行車選手深知其坡度的陡峭。

皮伊昂維萊市處於一個完全獨特的位置。兩個熔岩頂：高乃依懸岩(50m)、聖－米歇爾戴基勒懸岩(82m) 情同手足地完全靠在一起聳立著。

表面冷卻，底下繼續流動的熔岩*會形成巨大的天然隧道。等到整個熔岩冷卻後，便有可能在裡面散步。甚至有時候，還可來趟真正的洞穴探險。熔岩隧道存在於埃特納、夏威夷、加那利群島、加拉帕戈斯群島。某些熔岩隧道的直徑竟達15公尺，長度也有數百公尺。

33

火山的噴發

熔岩噴泉與熔岩湖

熔岩噴泉

有時候，熔岩 * 像滅火器的水一樣噴射出來，並形成真正的噴泉，高度有數十公尺之高。1959年，夏威夷的基拉韋厄－伊基火山噴發 * 的時候，熔岩高達五百多公尺。1986年，在日本的伊豆－大島中，出現了一次地裂，並釋放出一道高達1500公尺、名副其實的熔岩帘。

熔岩湖

在某些非比尋常的情況下，在1100度高溫下熔化的熔岩滯留在火山口 * 中，構成一個熔岩湖。人們目前只知道世界上的四個熔岩湖：夏威夷基拉韋厄中的普奧、薩伊的尼拉貢戈、埃塞俄比亞的埃爾塔－阿勒以及最令人震驚的埃里伯斯，因為埃里伯斯位於南極洲的冰地之中。

34

一個古老的熔岩湖

在冰島的卡爾法斯特隆德，有一個已經凝固冷卻的古老熔岩湖，在湖水的侵蝕下，雕刻出這些令人震驚的柱石。

火山的噴發

夏威夷島以熔岩*湖著稱。位於基拉韋厄最著名的熔岩湖叫作 "Halemaumau"（意為「永恆之火的家園」）。從1823年到1924年，已存在了一個世紀。在這一時期，紳士們及其女伴散步於此，欣賞這一迷人的景觀。1924年，一次巨大的火山爆發使這一熔岩湖消失，但後來又戲劇般地不時重新出現：1934年重新出現了33天，1952年重新出現了136天，1967年則出現了251天。在基拉韋厄的另一部位，一次火山爆發從1983年1月3日開始，並持續至今。人們能夠在那裡觀賞普奧熔岩湖，此湖占據著一個直徑80公尺，深度60公尺的圓井，熔岩在湖中心升起，接著冷卻成固狀的小片，噴泉把熔岩噴射至15公尺的高度。

至於尼拉貢戈湖，其湖面經常變化，差異達到了200公尺。1977年的噴發掏空了湖中的熔岩。這些熔岩竟以每小時100公里的速度噴出！此湖後來恢復了原狀。

基拉韋厄的噴發

夏威夷的基拉韋厄火山*是地球上最活躍的火山之一，幾乎是連續不斷地噴發出從橘紅色到鮮紅色的稀薄熔岩*流。其景象頗為絕妙，但觀看時須得當心！

35

在夏威夷的火山*山坡上，人們發現了小滴的固化熔岩*以及長絲形的拉長過的熔岩，被稱為「佩雷的眼淚與頭髮」。「佩雷」是夏威夷火神的名字。

火山的噴發

爆炸性的噴發

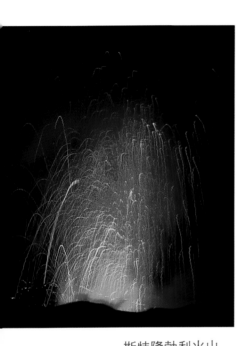

斯特隆勃利火山

位於義大利埃奧利群島的這座火山*特別活躍。五個噴發口交替噴射出大量的熔岩*，熔岩映紅了夜空。

火山的噴發

當許多氣體被噴射出來時，噴發*變得極為猛烈，就像是一次巨大的爆炸。這種「爆炸性」噴發比流出熔岩*流的「熔岩性」噴發危險得多。

火山彈

有些火山*極為猛烈地噴射出固體的，或有時還是糊狀的岩石碎片。這種在夜晚具有一種發光軌線的火山彈*是由正在冷卻的熔岩構成，落到地面後，就會跌碎，所以人們將它們的形狀描述為「吃剩的麵包塊」或「牛糞」。有時，它們則會保留它們漂亮的流線型，人們可以在中央山地山脈的某些道路上尋找到它們。若用一把榔頭將火山彈敲碎，你知道在漂亮的綠色礦物中會發現什麼嗎？可能是從幾十公里深的地方噴射出來的橄欖石（鐵與氧化鎂的矽酸鹽）。某些更大的火山彈則具有名副其實的塊石形狀，其尺寸有數公尺之長。它們在噴發時非常的危險，因為隨時會落到距火山口*數百公尺遠的地方。

火山灰

某些火山會噴發出大量稱為火山灰*的碎塊。尺寸最大的只有一或二公釐，有時只有幾個微米。雖然如此，它們造成的損失卻比火山彈還大，因為它們落得更遠。就好像下雪，火山灰將整個景物蓋上一件灰色的大衣，甚至滲入房屋，使住在屋子裡的人窒息。

安布里姆的大火山口

新赫布留底群島中的安布里姆火山頂，被一個直徑12公里的巨大火山口*所占據。在這一大火山口裡面，人們可以看到好幾個正在活動的小火山口。

火山的噴發

阿斯基亞火山

具有好幾個火山口*的冰島阿斯基亞火山*，被一些湖占據著。在後景中，湖水被冰覆蓋著。在前景中，維蒂火山口的湖因火山氣體*而變成綠色。它的溫度在30度上下，人能夠在湖中泡澡。

火山的噴發

火山錐

圍繞著火山口*積聚的火山彈*與火山灰*構成了一個錐體，這是火山*的典型形狀。噴射火山彈*的火山被稱為「斯特隆勃利式火山」，因為它們與義大利的斯特隆勃利火山相類似。噴射火山灰的火山則被稱為「武爾卡諾式火山」，同樣也是在義大利的武爾卡諾火山是最典型的例子。由固化的熔岩*流、火山彈或火山灰水平交替構成的火山，因是「成層的」，故稱之為「層火山」。

災難性的噴發

最危險的爆炸性噴發*經常造成人類的災難。1883 年印尼克拉卡托亞火山的爆發造成了 36000 人死亡。爆炸聲傳到了數千公里之外。爆炸最強烈、傷亡最嚴重的一次是在1815年印尼坦博拉火山的噴發，它排出 150 立方公里的火山物質，造成 92000 人的死亡。這次爆炸的強度與數十顆原子彈的爆發一樣猛烈。在過去也有一些比這次爆發還要巨大的噴發。七萬五千年之前，也是在印尼的多巴，十多天共噴射出了2800立方公里的東西。崩塌後產生了一個長100公里、寬30公里的巨大火山口*。目前有一個湖占據著破火山口，湖中有一個島。

火山灰的沉積

在新赫布留底群島的通戈阿島上，火山灰*構成了波浪形的地層。研究這些地層對於火山學來說是極為重要的。

火山的噴發

在1982年6月24日，英國航空公司一架從馬來西亞吉隆坡飛澳洲珀恩的波音747班機經過了當時正在噴發*的印尼加龍岡火山*上空，由於火山灰*的堵塞，四個噴氣式發動機同時故障，憑著駕駛員的嫻熟及冷靜，終於使載有乘客的飛機平安著陸。

被改變的氣候

當最具爆炸性的火山*把混雜著火山灰*與氣體的蘑菇雲*噴發到海拔15公里的高空，甚至40或50公里的高度，火山灰於是到達了被稱為平流層*的大氣層上部，並完全被捲至地球的周圍。1883年噴發*的克拉卡托亞火山，其火山灰雲在數周後仍能在巴黎的上空被觀察到。

1783年，發明避雷針的班傑明‧富蘭克林在歐洲時提出：特別寒冷的冬天與冰島拉基火山的大噴發是有關係的。確實，科學家們已計算出一次大規模的噴發會使溫度降低

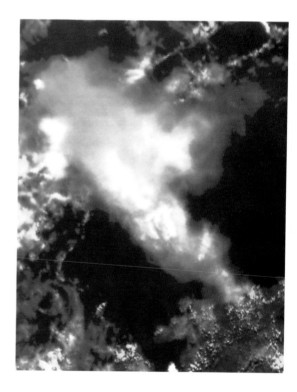

美國國家海洋和大氣衛星看到的皮納圖博火山

菲律賓的皮納圖博火山在1991年6月7日進入猛烈噴發*的狀態。這張美國國家海洋和大氣局的衛星照片攝於6月11日，人們可以清楚地觀察到火山噴出的氣體與火山灰*的蘑菇雲*。（見 p.53）。

40

火山的噴發

四分之一度。就世界範圍而言，這是駭人聽聞的。因此，1991年6月菲律賓皮納圖博火山的噴發對當時的氣候亦造成了影響。如果這種類型的火山噴發在幾年內相繼進行的話，氣溫的降低甚至可能引起一個新的冰川時期。

六千五百萬年前恐龍的突然消失也許可以用巨大火山噴發造成的氣候變化來解釋。恐龍，這一冷血的爬行動物因無法適應此種變化而消失。

恐龍的消失

長期統治地球的恐龍在六千五百萬年前第二代的末期突然消失了。一連串大規模的火山噴發可能降低了氣溫，造成這些爬行動物的滅亡。

火山的噴發

發光雲

雲仙山的發光雲

日本的雲仙火山在沈睡了數世紀之後，突然醒了過來，噴發出致命的發光雲*。圖中一輛消防車正試圖逃走。

在1902年5月8日，當摧毀聖—皮埃爾市並造成居民死亡的災難發生時，路易‧西帕里斯這個不知悔改的酒鬼正在單人囚室裡服刑，這間單人囚室的出口正好背對著珀萊山，使他免受發光雲*的侵害。他在四天後才被人發現，雖然被燒傷並受到精神創傷，但總算還活著，之後，他成了巴爾農馬戲團的明星。正在店鋪裡幹活的修鞋匠萊昂‧列昂得爾同樣幸運地逃過一劫。

火山的噴發

滾燙的熔岩泡沫

在某些噴發*中，火山*噴射出的固體和液體物質與氣體緊密地混合在一起，這一溫度極高的整體稱為發光雲*，有點像是滾燙的泡沫。這種泡沫以每小時100–500公里比熔岩*流還快的速度從火山坡上滾下來。發光雲甚至還能沿最陡的山坡而上！其溫度在200–500度間，它的破壞力非常巨大，似乎不可能躲得過。

被夷為平地的馬提尼克的聖—皮埃爾市

可悲的馬提尼克珀萊山竟以其發光雲而著稱。1902年5月8日，珀萊山大量的火山灰*、塊石與火摧毀了聖—皮埃爾市。教堂與劇院被夷為平地；蓬港聖母院四噸多重的紀念塑像就像一根麥稈一樣地被捲走；貝爾丹廣場290噸重、15公尺高的燈塔也被推倒！錨地中的船舶亦沉沒了。同年8月30日，更為猛烈的發光雲摧毀了更大的地區，其中包括莫爾納魯日市，又造成了一千人的死亡。一年之中，其他的發光雲仍在不斷地出現。

1902年，一個非常黏稠的熔岩尖頂從珀萊山的山頂上冒了出來，崩塌之前，它的高度曾到達200公尺。若不是形成後發生了三次連續崩塌，它的高度將達到850公尺。法國地質學家阿爾弗雷德・拉克魯瓦在1904年馬松出版社出版，厚達622頁的《珀萊山及其噴發》中詳細地敘述了這些現象。這次令人傷心的、著名的噴發成了一個專有形容詞，此後，所有這種類型的噴發都稱作「珀萊山型的」。

珀萊山的噴發

1902年5月8日，安地列斯馬提尼克的首都，美麗的聖－皮埃爾市在剎那間被珀萊山發出的發光雲夷為平地（見 p.22、p.49）。二萬八千個市民只有2人幸免於難。

火山的噴發

氣體

武爾卡諾的
硫黃火山氣體

義大利群島中的武爾卡諾火山排出大量的、含硫黃的火山氣體*，這些氣體極具毒性，所以火山學家不得不戴上防毒面具。

位於中央山地、靠近克萊蒙費朗的魯瓦亞，有處山洞的地面上積聚了許多由外面飄進來、比空氣還要重的二氧化碳。從前，當人帶著狗進入山洞時，較矮的狗就會窒息，而較高的人卻能正常地呼吸。所以，人們把這地方稱為「狗洞」。現在，動物被禁止進入。當人們靠近地面時，蠟燭就會因缺氧而熄滅。人們開玩笑地在洞中設置了「丈母娘的凳子」，想擺脫丈母娘的女婿可以邀請丈母娘坐在上面。

44

火山的噴發

火山氣體

活火山*幾乎是不停地在釋出氣體，大量的氣體從山頂的火山口*冒出來，火山坡上的孔所排出的、數量較少的氣體，稱為火山氣體*。

火山氣體尤其富含白色的水蒸氣，但也含有無色的二氧化碳及微藍的沾硫氣體。某些氣體排出後便開始燃燒，並產生藍色或橘黃色的火焰。火山氣體的溫度通常不高，在40度至100度之間。但是在印尼的梅拉比火山與哥斯大黎加的阿爾納爾火山，火山氣體的溫度竟超過900度。而在埃塞俄比亞的艾爾塔—阿爾火山，溫度更高達1130度。

一座義大利島嶼上的武爾卡諾火山，其氣體以近500度的高溫排出。這個溫度比硫黃的沸點，445度還高，這些氣體在原本漂亮的花草上沈積了橘黃色的硫黃。

令人不安的尼奧斯湖

1986年8月21日的清晨，在喀麥隆有1746名尼奧斯、查、蘇蓬與芳等村莊的居民被發現窒息死亡，牲口家畜甚至鳥和螞蟻也同樣如此。尼奧斯湖，一座正好位於村莊上方沈睡火山的火山口湖，一下子釋放出大量的二氧化碳。這種氣體在四周彌漫開來，使所有的人與動物死亡。兩年前，莫努姆湖曾以類似的方式造成37人的死亡。人們將原因歸咎於住在湖底的巫婆與魔鬼。為了謹慎起見，人們現在考慮用馬達定期抽取深處的湖水，以便使這些水慢慢地除氣。

人們可能會聯想到是否奧弗涅的帕萬湖可能引起一次類似的災難。科學家已經證明該湖沒有任何危險。

窒息而死的牲畜

喀麥隆的尼奧斯湖在1986年8月21日排出了一種致命的二氧化碳氣雲。近二千人窒息死亡，連所有的牲畜也無法幸免。

45

火山的噴發

火山
其他方面的危險

皮納圖博的泥漿流
當颶風正好在火山噴發*
之後來襲，雨水便會將
火山灰*變成泥漿，這些
在印尼被稱作"lahar"，
具摧毀性的泥漿，正順
著山坡往下流。這是
1991年皮納圖博火山噴
發後產生的"lahar"。

火山*在噴發*過程中，甚至在噴發之後，都
給生活在附近的居民帶來許多危險。

泥漿*流

在某些火山噴發的過程中，大量的火山灰*
不穩定地積聚在火山的山坡上。在熱帶地區，
雨季的暴雨、季風、颶風與颱風帶來了極大
的水量。水與火山灰混合成一種很稀的泥漿，
沿著山坡而下，形成一種真正的「流」。在泥
漿流尤其可怕的印尼，人們稱它為「拉哈爾*
(lahars)」。

46

火山的噴發

安地斯山脈火山的高度在海拔5000公尺至7000公尺之間，因此，火山的山頂通常為冰川占據著。有時，火山的熱量使冰山內部融化，於是，一個為冰所包圍的水室形成了。當冰殼破裂時，成噸的水猛烈地向外流去，這些泥漿流可以流經數十公里，並摧毀位於低處的城市。1985年11月哥倫比亞曾發生過這樣的情形。居民將看似平靜的、高達5389公尺的魯伊斯火山稱為「睡獅」，但是，在11月13日，大量的"lahar"摧毀了離火山60至80公里遠的亞爾梅羅、馬里基塔與欽奇等城市，造成了25000人的死亡。我們現在已經看不到亞爾梅羅市了。硬掉的泥漿像水泥一樣將這個城市完全覆蓋，並形成了一個平坦的保護層。為了紀念受難者，那裡已豎起一塊紀念碑。

　　一般說來，火山的山坡上常形成滑坡。

拉基的裂縫

1783年冰島拉基火山的噴發造成了近一萬人喪生的大災難，其中大部份是婦女。12立方公里的岩漿從115個火山口環繞的、25公里長的巨大裂縫噴湧出來，覆蓋了565平方公里的面積。這是歷史上規模最大的熔岩噴發。

47

火山的噴發

奧巴的火山湖

位於新赫布留底群島奧巴島的火山*頂被兩個湖占據著。後景中的湖釋出毒氣,毀壞了周圍所有的植物。人們擔心湖岸會破裂,並突然排放出大量的水與泥漿。

海嘯

位於島嶼之上或臨近海岸的火山*尤其危險。當它們噴發*時,急劇的崩塌會突然改變鄰近海底的地形,產生湧向海岸的洶湧波浪。這些波浪可以蔓延到很遠的地方,有時甚至穿越整個海洋。此外,波浪的高度愈靠近海岸愈高,有時可達到20公尺之高。波浪毀壞了所遇到的一切。人們把這一現象叫作海嘯*或"tsunami(日語的術語)"。

在印尼的松德海峽中形成島嶼的克拉卡托亞火山1883年8月27日噴發時就產生了這樣的一場大災難。在巨大的崩塌之後,海嘯湧向了距克拉卡托亞40公里的爪哇海岸,36417人因此淹死。有一艘蒸汽船「貝婁號」被沖到離海岸2.5公里遠的內地。

48

火山的噴發

受災的居民

對火山的受害者而言，災禍是一連串的。例如，火災會在城市裡發生。1902年，在馬提尼克的聖—皮埃爾市，一場大火在貯存於朗姆酒廠的大量朗姆酒的幫助下蔓延開來。火災造成了與火山噴發一樣大的損失。

由於水已經無法飲用，大量的人口死於流行病。在噴發後數月，還有人因此死亡。草木被火山灰*中包含的氟所污染，牲畜無法飼養，飢荒隨之而來。1815年，在印尼的坦博拉，據估計在九萬二千名受難者當中，有八萬人是被餓死的。當冰島的拉基火山在1783年噴發時，整個島嶼在這場災禍中死傷慘重，不少居民於是逃往美國。幸運的是，現在，國際援助為處於困境中的居民提供了救援。

充滿印尼克盧特火山火山口*的水形成了一個湖。1919年，3800萬立方公尺的水噴射了出來。致命的「拉哈爾」導致了5110人的死亡。接著，此湖重新形成。火山口的山壁極為脆弱，人們擔心它會崩塌，湖水會重新流向火山*山坡。有關負責人想在湖底鑿開一條隧道，以便一點一點地排出湖水。

聖—皮埃爾市的毀滅

在馬提尼克的聖—皮埃爾市被珀萊火山引起的發光雲*（見p.22, p.43）所毀滅。後來又被一場大火所破壞。人們在此可看到福爾教堂的廢墟以及後景中珀萊火山的輪廓。

49

火山的噴發

火山學家與
火山噴發的預測

火山學家的職業

火山學家是研究火山*的科學家。他們把一部分時間用於實地,「陪伴在火山的旁邊」,把另一部分的時間花在實驗室研究已取得的標本。不同的專家互相交換心得。

　　岩類學家*與地球學家對岩石感興趣並進行其化學研究。某些人也分析火山排出的氣體或水。地球物理學家進行著物理測試:地震*、溫度、地球磁場的變化……

火山學監測站

在新赫布留底群島塔納島的亞蘇爾火山*腳下,一座監測站使人們得以持續地測定土壤的溫度與地震的震動。監測的結果由在首都維拉港的氣象臺直接接收。

50

火山的噴發

火山學家的裝備

　　在活火山上工作必須要有一套特殊的裝備。防護帽可以保護頭部，使其免遭小火山彈*的侵襲。但它無法對付更大塊的火山彈。在特殊的情況下，一種背在肩上的柱形尖頂頭盔也被人所採用。但在任何情況下，都應當保持警惕並注意火山彈的彈道以便避開它們。防毒面具能夠過濾有毒氣體。

　　人們戴著石棉手套來操作這些儀器。在特別的情況下，為了取得熔岩*流的溫度，應該採用一種完全防火的連身衣褲。它們是用諾麥克斯製成的。諾麥克斯是一種以鐵氟隆為基礎的面料，它塗了一層有光澤的鋁，以便有效地反射熱量。一種覆蓋著薄薄金箔的三層保險玻璃在保護著眼睛。但是，在現場停留的時間很難超過幾分鐘。因為，其處境很快變得難以忍受。他必須不斷地改變支撐的腳，否則的話，就會看到大鞋子被熔化。像背袋的帶扣等金屬物品幾乎頃刻之間就會生鏽。

一個火山學家

在留尼旺島富爾奈斯火山的山頂，一個火山學家穿著防火的連身衣褲接近正在熔化的熔岩*。這些熔岩的溫度超過了一千度。

51

火山的噴發

在 1979年4月12日晚上，火山學家記錄了疑似在安地列斯的聖一樊尚硫黃礦火山*下的地震*。他們在午夜通知了總理並決定在最短的時間裡疏散二萬二千人。預測到的火山噴發*在次日早晨四時開始進行。這個適逢十三日的星期五實在是一個幸運日，因為沒有任何受難者！

火山的監測

活的火山*應該被密切觀察，最好是建立一些火山學的觀測站。最初的火山觀測站有1841年建於維蘇威的觀測站、1903年建於珀萊的觀測站、1912年建於夏威夷的觀測站。目前，在日本、墨西哥等地還有更多的觀測站，人們在此對火山進行不間斷地監測。小地震*的紀錄能證明熔岩*的上升；他們也能夠極為精確地測定出火山的大小，其誤差只能用公釐來計。在一公里長的杆下塞進兩枚硬幣而引起的坡度變化也能被察覺出來。一座火山的「膨脹」往往是其噴發*的預警。

火山體的「膨脹」

當深處的岩漿*向表面上升時，會引起火山*很小的膨脹。然而，這種幾公釐的「膨脹」在複雜的儀器下是無法遁形的，科學家們依此來預測火山的噴發*。

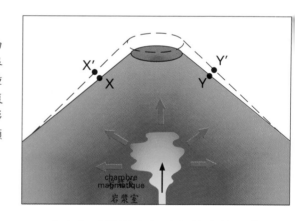

chambre magmatique
岩漿室

52

火山的噴發

火山氣體的溫度與成份的變化也會透露出重要的訊息。現在，由於科技的進步，無法從陸上接近的火山，可以藉探測衛星拍下的照片使人們認識火山的真面目。如美國的地球資源探測衛星與法國的「光點號」衛星。

人們有時把火山學家比作地球的醫生。他定期測量溫度，對火山的最小的「噴嚏」也很注意！

火山爆發的預測與預防

人們愈來愈能預測火山的噴發。當一座火山似乎進入噴發期時，科學家們就得通知當局（市長、省長、部長），好決定是否對居民進行疏散，並發動預先考慮的緊急計劃。科學家們深知一次好的、儘可能精確的預測是非常重要的。因為，不能使居民連續數月處在疏散的不穩定狀況之中。

從衛星上看到的一座火山

這張由「光點號」衛星拍攝的照片顯示了在菲律賓的皮納圖博火山。這張照片的色彩已經人為修飾，以便使火山顯得更清晰。這也是一種監測火山的方法。（見p.40）。

火山的噴發

有時甚為有用的火山

火山與居住
_____

火山：
能量與財富之源
_____

火山與藝術
_____

火山、健康、
運動與休閒
_____

火山與居住

最早的人類生活在被稱為「人類的搖籃」的東非，那時便是生活在火山*的附近。在坦尼亞的拉埃托利，人們在三百五十萬年前的火山灰*層上發現了三只南方古猿的足跡。其他著名的史前遺址（埃塞俄比亞的阿瓦什與奧莫、坦尚尼亞的奧杜瓦伊）同樣也具有火山的背景。

史前的岩石下的庇護所

由古代熔岩*流形成的堅硬岩石在風景中突出地顯現出來。附近鬆散的土壤是由於侵蝕而造成的。有時候，在岩石的底部，會塌陷成一個洞穴。我們的史前祖先就住在洞穴裡。生活在裡面的人由於位於高處，一方面受到了保護，另一方面可以監視周圍的動靜。他們在洞口升火以阻擋野獸。這些住處稱為「岩石下的庇護所」。人們在法國的上羅亞爾河流域與上阿利埃河流域已認出了好幾處這樣的地方。這兩條河在德維斯與維萊的火山高地交叉而過。在阿利埃聖－阿爾孔的隆德庇護所，人們發現了史前的工具。

史前的岩石下的庇護所

我們的祖先在已凝固的熔岩*下找到了他們的庇護所。他們由此受到了保護，並俯視著整個地區以便對周圍進行監視。人們在前景可看到稜柱形的地質構造。（見 p.31，p.89）。

有時甚為有用的火山

穴居人

某些數十公尺厚的火山沉積物被侵蝕成稱為「侵蝕柱」的山柱與山頂。然而，這些變硬了的沉積物鬆散得足以被挖出洞來。在古代，不少文明挖掘洞穴用來居住。這就是我們所稱的「穴居人」。在土耳其的卡巴多思與伊朗的薩漢德，許多真正的城市就在這種地方形成。這些住所能夠防水，並很好地隔冷隔熱。此外，它們隱藏得很好，在受到進攻時很容易防守。在一個世紀前，在卡巴多思的這些洞穴還有人居住。在離聖一內克戴爾不遠的多爾山高地中一個叫作勒歇斯的地方，人們可以參觀曾經被居住過的約那斯洞穴。這些洞穴也是在火山沉積物中挖掘而成的。

卡巴多思的穴居住所

在土耳其的卡巴多思，穴居的住所在變硬的火山灰*中挖掘而成。這些住所能夠很好地防水與調節冷暖。此外，它們隱藏得很好，很難被敵人發現。

57

有時甚為有用的火山

聖一內克戴爾的教堂

奧弗涅多爾山高地上的
聖一內克戴爾的羅曼風
格的教堂是用火山石,
尤其是浮石*建成的。

浮石

浮石這種火山的岩石經
常在我們的浴室中被使
用。例如,被用於除去
手指尖的墨水污跡!

58

有時甚為有用的
火山

建築用的石頭

在火山地區,火山的石塊被用於房屋與紀念
性建築物的建造。利帕里島的浮石*被用來建
造古羅馬競技場與龐貝城。奧弗涅、克萊蒙
費朗、拉布爾布爾、聖一內克戴爾或薩萊爾、
維萊與勒普伊昂弗雷均是用黑色或灰色的熔
岩*以及白色的浮石建成的。著名的灰色沃爾
維克石被大量地使用,尤其是被用於克萊蒙
費朗大教堂的建設。人們開採被稱為「白榴
火山灰*」(pouzzolanes)的淡紅色火山岩渣*
來做路基。這種白榴火山灰因在義大利的普

佐萊斯也有而得名。眾多的採石場在中央山地山脈火山錐的山坡上進行採掘。

肥沃的土地

火山地區的土壤因含有鉀、磷，也就是名副其實的天然肥料而格外肥沃。富含磷的湖水裡充滿了魚。在印尼，種植在火山灰*上的稻田可以每十五個月收穫三次。人類為什麼要生活在火山周圍，因為火山的好處要超過其危險之處！

浮石*是一種充滿氣泡的固化熔岩。它很輕，能夠在我們的浴缸裡浮動。在義大利的利帕里島，它被大量地開採。它的用途很多，能夠用於製造化妝品，特別是口紅所用的顏料。它的優點是不會引起任何過敏反應。

古羅馬競技場
利帕里島的火山浮石曾被用於建築著名的羅馬競技場。

有時甚為有用的火山

火山：能量與財富之源

火山＊似乎是一種人類始終很想去加以開發的巨大能源。很久以前，在某些地區，火山能夠為史前的人類提供火。

一種熱礦泉

在馬達加斯加的安那羅沃里附近，有一個奇怪的泉釋放出一種水。如果將鐵塊放進去的話，馬上就會變成紅色。

有時甚為有用的火山

你們知道嗎？一塊普通的肥皂能夠使不活動的間歇熱噴泉重新恢復活力。因為肥皂改變了水的性質。在冰島，「大間歇熱噴泉之友」這一組織每年在暫不活動的間歇泉泉口小池裡傾倒二百公斤的片狀肥皂。幾個小時之後，噴泉就會噴出高達50公尺的漂亮水柱。

間歇熱噴泉

在冰島，天然的承水盤中裝有熱水。每隔一定的時間，這些水就噴射出蒸汽的束狀物。人們把這一現象稱為「間歇熱噴泉」。

目前在冰島，斯特羅庫爾泉每隔十分鐘左右便噴出二十來公尺高的束狀物。斯特羅庫爾（"Strokkur"意為「攪奶油的桶」）。在其附近，有不少小水池。水池中有歡快地啪啪作響的沸水以及紅色或綠色的泥漿。人們在紐西蘭、美國與智利的阿他加馬沙漠中看到過間歇熱噴泉。在美國的黃石公園裡，名為「忠誠的老人」的間歇熱噴泉像節拍器一樣有規則地在表現著。高度方面的最高紀錄屬於紐西蘭的懷曼庫間歇熱噴泉。它在1904年時達到了460公尺的高度。但是自1917年起，它已不再活動。

斯特羅庫爾
間歇熱噴泉

冰島是間歇熱噴泉之國。像斯特羅庫爾這樣的間歇熱噴泉每隔十到十五分鐘便噴射二十來公尺高的水柱。水形成了一個直徑為兩公尺的巨大藍色水池。這一水池一下子就爆炸成為蒸汽。

61

有時甚為有用的
火山

在安地斯山脈的赤道地區，人們經常登上欽博拉索火山*的頂峰(6272m)的附近，去取回大塊的冰，然後再在谷地小塊地出售。

從溫泉到地熱

在火山地區，甚至在以前的火山地區有著許多噴泉。在康塔爾省，有一個城市叫作肖德－艾蓋 (Chaudes-Aigues)，它的意思是「熱水」。帕爾溫泉的水溫達到了攝氏八十二度。以前的市政洗衣處就這樣免費提供熱水。

地熱*是地下熱量的開發。這一想法始於兩個世紀之前。當時，多菲內的貴族、拿破崙統治時期托斯卡納的行政長官弗朗索瓦・德・拉爾德雷爾試圖把這種巨大的能量應用於這一地區的工廠。目前，整個拉爾德雷爾市的電能由三個地熱發電站供應。該市是為了紀念其恩人而取了這樣一個名字。在冰島，地熱占全國能源生產的百分之五。這一數字頗為可觀。除了義大利與冰島，其他的國家也求助於地熱能源。如日本、紐西蘭、美國、墨西哥、菲律賓等國家就是如此。在瓜特羅普，一個小的發電站在一個稱為布揚特 (Bouillante，意為「沸騰的」) 的地方附近運行著。

一個搬運硫黃的人

在印尼，人們開採卡瓦－伊德根火山*的硫黃。他們背負著80公斤的重量從火山口*出來，而且還得帶著它們走13–15公里的路程。

62

有時甚為有用的火山

珍貴的金屬

在以前的火山*周圍，人們發現了有開採價值的金屬礦床。因此，在智利，人們開採著銅、黃金等等。火山也生產銀、鐵、鉛、錫、鋅、鈾、鉬等等。

在印尼，人們身負80公斤的重量把硫黃從卡瓦－伊德根火山口*中背出來。我們把他們稱為「硫黃的苦役犯」。人們也發現沸石這種有時很漂亮的白色礦物。在武爾卡諾島中，人們也看到了被開採出明礬的山洞。明礬以前對把染料固著於織物上極為有用。

一個「棉花城堡」

在土耳其的帕姆卡勒，有石化作用的源泉形成了裝有熱水的絕妙承水盤。此地的地名在土耳其語中意為「棉花城堡」，它表明了岩石的潔白。

63

有時甚為有用的
火山

火山與藝術

有時甚為有用的
火山

富士山的一種表現

日本畫家葛飾北齋
(1760～1849)創作了不
少有關富士山這座聖山
的版畫(《富士山的三
十六景》),此圖為其中
的一種。

對火山的描繪

一直以來,火山*在激勵著藝術家們。我們已
經提到在土耳其發現的一幅八千年前的壁畫
描繪了一座正在活動的火山。在這一地區,
我們也發現了羅馬殖民時期的硬幣,上面刻

著與各種各樣的神結合在一起的火山。義大利的維蘇威火山與日本的富士山可能是世界上被描繪得最多的火山。義大利的大師們已經描繪了維蘇威的種種面目。他們有時具有相當的現實主義態度。葛飾北齋 (1760～1849) 的三十六張著名的日本版畫描繪了四季更替過程中富士山的多種面目。印尼人在漂亮的絲質巴提克印花布上描畫他們的火山。

今天，對火山的描繪已深入到日常生活之中。火山地區國家發行了以火山為圖像的郵票。這些圖案一般具有很大的科學嚴謹性。我們已經歷了一個火山林立的時期。在日本，富士山竟以一百多種面目出現在電話卡上！在其他地方，火山也是無所不在：有富士銀行，富士軟片……。在法國，沃爾維克礦泉水的廣告就是以火山為重點的。

以火山為主題的郵票

以其火山*感到自豪的國家把火山表現在自己的郵票上。上排從左到右，我們可以認出哥倫比亞的一座火山、紐西蘭的另一座火山、冰島的斯特羅庫爾間歇熱噴泉。下排從左到右是日本的富士山、冰島的赫克拉火山、馬達加斯加的特里蒂瓦火山口*的湖。

火山材料的雕塑

玄武岩*的熔岩*形成黑色的岩石。人們對它們進行了創作。最著名的是復活節島上稱為「莫埃克人」的巨人雕像。在法屬玻里尼西亞群島，我們看到了與「莫埃克人」很相像的「蒂基人」。生活在墨西哥與瓜地馬拉的馬雅人用黑曜岩*創作了漂亮的小雕像。這種黑曜岩是一種有點像玻璃的黑色熔岩。用珠狀的黑曜岩還可以做成項鏈或手鐲。

65

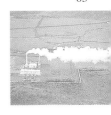

有時甚為有用的
火山

火山、健康、運動與休閒

「藍色潟湖」

在冰島，離雷克雅維克不遠的地方，浸泡在稱為「藍色潟湖」的熱水裡非常的舒適。在冷卻的情況下，此湖就變得要小得多。這些熱水是由一家地熱*工廠提供的。

作為健康之源的火山

古代世界最為著名的醫生希波克拉底公元前五世紀在希臘的科斯島上嚴肅認真地行醫。他已經利用了溫泉的效力。這些溫泉的療效現在已經沒有爭議。在義大利的武爾卡諾島，人們會去泥漿水與硫黃水中洗澡，因為它們能治療哮喘與皮膚病。在日本，受到很高評價的溫泉被稱為"onzen"。在冰島雷克雅維克的西南，人們可以懶洋洋地躺在「藍色潟湖」裡，湖中供應著由地熱*工廠發送的熱水。

在法國奧弗涅這一火山的省份，有著很多礦泉療養區。人們在肖德－艾蓋與多爾山治療風濕病，在夏特爾－蓋榮治療消化道疾病，在拉布爾布爾治療呼吸與生病的皮膚，

有時甚為有用的火山

吉力馬札羅的白雪

在坦尚尼亞的巨大吉力馬札羅火山*最高處為5895公尺。它的山頂由好幾個同心的火山口*構成。詩人們總是在讚嘆它的「永恆的」白雪。

在聖—內克戴爾治療腎病……。溫泉療養者藉著盆浴、淋浴或按摩來治療，並定期地飲用礦泉水。當然，喝水時應遵照醫生的處方。被火山岩渣＊過濾過的沃爾維克礦泉水非常的純淨。因為與火山岩的接觸，這種水含有豐富的、在自然界數量很少、對人體健康來說不可或缺的微量元素，比如矽、釩。

日本的獼猴

在日本，獼猴酷愛在熱水裡洗澡，在冬天時尤其如此！

令人難以置信的風景

火山的風景經常呈現奢華的場面。確實，火山＊的確令人難忘。菲律賓的馬榮與瓜地馬拉的阿瓜火山錐毫不遜色於映照在湖中的富士山山錐。著名的吉力馬札羅的白雪（它並非位於肯亞，而是位於坦尚尼亞）激起了詩人的靈感。在某些寸草不生的火山口＊中間，人們還以為是在月球上面。印尼的坦博拉破火山口＊是一個名副其實的叢林中的大窟窿。直徑六公里，深度1300公尺。

在康塔爾省的夏斯戴爾—馬爾拉克，有一個八百萬年的固化熔岩＊湖。它現在形成了一個直徑一公里，高度為25公尺的圓形整體，因為火山＊的其餘部分已被侵蝕掉了。它以其陡峭的岩壁凸現在這一地區之上。人們可以在峭壁中看到稜柱形。

有時甚為有用的火山

洛提波呂爾湖

這個稱作「低平火山口[*]」的巨湖占據著冰島一座火山的火山口[*]。在那裡互相聯繫在一起的藍（湖水）、白（白雪）、紅（火山的岩石）三色正是冰島國旗的顏色！

在火山的岩石中挖掘出一些洞穴。在奧弗涅、聖一內克戴爾，著名的奶酪就保存在洞穴裡。在德國的埃費爾地區，人們用這些洞穴來貯存酒。

火山與幽默：一座極為文雅的火山[*]對與其相鄰的一座小山丘問道：「如果我吸煙的話會妨礙您嗎？」

有時甚為有用的火山

68

積聚在某些火山口[*]中的水形成了湖。我們可以在奧弗涅的帕萬湖看到一片這樣藍色的水。這個湖的直徑為750公尺，深度為96公尺。我們再舉維萊的火山高地為例，裡面有著很圓的伊沙爾萊湖和布歇爾湖。在德國，人們把這種湖稱作「低平火山口[*]」。在拉赫湖的低平火山口中，人們觀察到了冒到水面上來的二氧化碳氣泡。在印尼弗洛勒斯島的克立木圖，人們認出了兩個姐妹湖。一個湖水是磚紅色的，另一個湖水是玉綠色的。卡瓦－伊德根湖則較不好客，因為它含有硫酸！大塊的石灰石會沸騰著在湖中消失。哥斯大黎加波阿斯的硫化物湖水具有金屬的光澤。

死火山[*]因雨、風、冰塊的侵蝕會產生出像土耳其卡巴多思巨大城市廢墟般的景觀。

不少火山區被列為地區或國家的天然公園：美國的黃石公園（黃石意味著「黃色的石頭」，但實際上那裡的景色是多姿多彩的）、紐西蘭的魯阿佩胡公園、菲律賓的馬榮

公園和塔爾公園、薩伊的基伍公園，還有尼拉貢戈和尼亞馬拉吉拉公園與加那利和加拉帕戈斯公園、馬提尼克的地區天然公園、法國奧弗涅的中央山地山脈公園。

火山、運動與休閒

一座火山能夠構成一次旅行的目的地，因為每個人都夢想在自己的一生中至少要看到一次火山。人們可以在山上愉快的遠足，但有時需要專業的攀登技術。每年都會有徒步登上喀麥隆山或吉力馬札羅山的比賽。至於利用越野自行車 (VTT)，參賽者一直不是很多。人們還可以像日本或紐西蘭那樣在山上滑雪。一個滑雪站已在埃特納山上建成。但是，埃特納山或許不願意，它用熔岩流摧毀了架空索道的鐵塔。最勇敢的人從多姆山山頂的坡上直衝下來。

你們知道在安地列斯的多明尼克島中存在著一個直徑一百公尺、裡面充滿沸水、有如魔鬼的鍋子般的湖嗎？為了靠近這座湖，要走五個小時的路程並穿過德索拉西翁山谷。如果雞蛋沒有在你的口袋裡破掉，便可以在那兒煮雞蛋了。

阿爾達峽谷

在保加利亞，稜狀的熔岩*中被鑿出了阿爾達峽谷。這一地方叫「澤丹庫普」，它在土耳其語中意為「魔鬼之門」。

有時甚為有用的
火山

什麼是地震?

地震的震度

常發生地震的地區

地震能夠預測嗎?

什麼是地震？

舊金山的地震

加利福尼亞州的地震*
極為頻繁。建造在巨大
斷層上的舊金山與洛杉
磯經常受到地震的影
響。

72

地震

地震

您已經感受過地震*，即使是輕微的地震嗎？
大地在顫動，房屋在振動，有時還會聽到隆
隆聲。通常，這種現象持續的時間不會超過
一分鐘，但是，它仍然給人很深的印象。如
果發生於夜間，人們會被驚醒，某些人還會
從床上掉下來。甚至在法國，這一切有時也
會發生。

地震*也稱"seisme"，此詞在希臘語中意為「震動」。所以我們不能說「地震的震動(secousse sismique)」，這兩個詞具有相同的意思。但是，可以使用「地震 (secousse tellurique)」來表達。

震央

地震是由幾公里或幾十公里深處的地殼劇烈破裂所引起的，這種破裂在地面上可以感受得到。地震最初產生的點稱作震源*(hypocentre*)，"hypo"意為「深的」。地震*波從這一點向四周傳播。這與人們把一塊小石塊扔到水裡時出現的現象相像。震波圍繞著震動點形成了一些同心的圓。某些震波傳到了地表。由震源垂直到地表的點叫作「震央*」，在這裡，震動的感受最強烈。地震會對震央周圍的地區產生較激烈的影響。

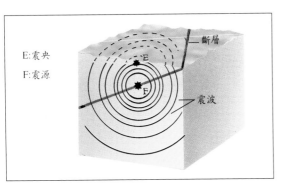

E：震央
F：震源

斷層

震波

地震的震源與震央

地震由地層斷烈所引起。深處的斷裂點稱為「震源*」。影響與破壞地表最嚴重的點稱為「震央*」。

73

地震

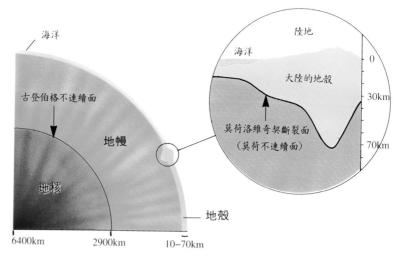

海洋

古登伯格不連續面

地幔

地核

陸地

海洋

大陸的地殼

莫荷洛維奇斷裂面
（莫荷不連續面）

0

30km

70km

地殼

6400km   2900km   10−70km

莫荷洛維奇
的斷裂面

克羅地亞的地震學家莫荷洛維奇在1909年提出了一種重要的、地球深處的斷裂面。這種更為簡單地稱為「莫荷不連續面」的斷裂面把表面的「地殼」與深處的「地幔」分開。它的深度在海洋下面是10公里，在大陸下面是30公里，在山脈下面則可達70公里。

地震與地球的構造

地震*使人們得以認識地球的構造。藉著測試地震波的速度（在地表的速度為每秒 3.2 至 6.5公里，在深處的速度可為每秒13公里），人們對被地震波穿透的地層構造就有了良好的認識。

　　克羅地亞地震學家安得里亞·莫荷洛維奇在1909年當地發生地震時取得了最初的結果。他提出了地殼與較深的地幔間有一明顯的界面，這條界面位於各大陸下面平均深度30公里的地方，在山脈下其深度可達70公里，而在海洋下面則只有10公里。這種界面以莫荷洛維奇的名字命名，但更簡潔地稱之為「莫荷不連續面」。次年，美國人古登伯格在「地幔」與「地核」之間2900公里的深處劃了類似的界面，此界面也以古登伯格的名字命名。由此，人們對地球內部的構造有了很好的認識，雖然人們無法進入地球的內部。

地震

麥加利震級

人們根據地震產生的搖晃程度來認識地震的震度。地震的震度可以或強或弱地被感受到。有時候，它引起了極大規模的損害。以其發明人命名的麥加利震度始於1931年。以後，這一震度表被修改，接著在 1964 年被MSK震度所取代。MSK是麥德維傑夫、斯蓬赫爾與卡爾尼克三位地震學家名字的第一個字母。人們把地震震度分為十二個等級。一級地震是感受不到的。從五級地震開始，睡覺者會被驚醒；從七級開始為大地震；地震達到十一級時，鐵路的鐵軌會被扭曲；地震達到最強，即十二級時，任何建築物均無法抵擋。景色有時會被改變，河流會改道。最強烈的地震還會伴隨著堤壩被毀而產生的洪水或城市裡煤氣管道破裂而造成的火災。地震同樣會引起滑坡。地震若發生於島嶼或瀕

埃爾阿斯南
被扭歪的鐵軌

1980年，在阿爾及利亞的埃爾阿斯南，鐵路的軌道在一次強烈的地震*中完全變形。

75

地震

臨海岸地區則會產生巨大的波浪，稱為海嘯或"tsunami（日語術語）"。

　　為了更準確地估計地震的影響與破壞，就得安排一種調查。這種調查向居民們提出這樣一些問題：您被驚醒了嗎？您住在樓房的第幾層？有東西掉下來嗎？在牆上有裂縫嗎？……

　　地震*在震央*的強度最大。震央周圍的整個地區均受到影響，但其影響隨著與震央的距離越來越遠而越來越弱。人們確定了稱為「等震線」的界線。每條等震線包括一個震感相同的地區。

地震儀

為了精確地監測地震，科學家們使用了一種稱為地震儀*的儀器，它能夠測出人們感受不到的以及發生在無人居住沙漠地區的地震。

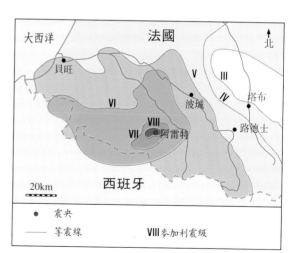

阿雷特的等震線

1967年8月13日，庇里牛斯山的阿雷特發生了麥加利震級八級的地震*（p.90），並造成一名女性的死亡。這張圖上顯示了地震在各個不同地區的「等震線」。

地震

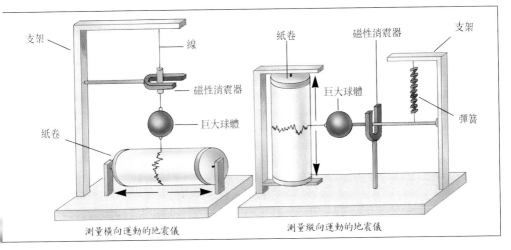

支架
線
磁性消震器
巨大球體
紙卷

紙卷
巨大球體
磁性消震器
支架
彈簧

測量橫向運動的地震儀　　　　　測量縱向運動的地震儀

人為的地震，例如地下核試驗引起的地震也同樣能測試出來。

　　地震儀的運行原理相當簡單，最初的地震儀是由鋼繩或插在地上的架子、及掛在彈簧上沒有自動力的巨大球體所組成。地震發生時，架子在搖動，而掛在彈簧上的巨大球體因慣性大所以在短時間內並不跟著搖動。連在球體上的小針刺便在搖動的紙卷上紀錄這些變化，這種地震儀要占據整整一個房間！近期的儀器因電子學的進步而只有幾十公分大。

　　科學家們喜歡以規模*而不是震度*來描述地震。芮氏地震規模是常用的標準，它包括九個級別，從六級開始，便是很強的地震，且會造成人員傷亡。

地震儀

地震儀* 是極為複雜的儀器，它連很微弱的、人們無法察覺的震動都能測出。某些地震儀量測大地的橫向運動（圖左），而另一些地震儀則測試大地的縱向運動（圖右）。

77

地震

阿加迪爾的廢墟

1960年2月29日，一次地震*毀壞了摩洛哥的阿加迪爾市，使這座城市只剩下一片廢墟。

什麼地方會發生地震？

地球上有的地區經常地震，而其他的地區則幾乎從未受到地震*的影響。在日本，每年都測試出有一千四百次微弱的地震*，當然也有很強的地震。也就是說，在日本，地震每天都在發生！據統計，在義大利每年有二百次地震，在法國有二十來次，而在瑞典僅僅只有三次。據統計，每年在世界上規模*二級以上的地震共計有三十萬次左右。

地球上最古老的地區，像斯堪地那維亞、加拿大、巴西、中非等人們稱為「地盾」的地區極為穩定，幾乎從未發生過地震。相反，年輕的山區，如阿爾卑斯、喜馬拉雅地區則經常地震。瀕臨大海或大洋的地區也極為不穩定。例如，地中海的四周，從阿爾及利亞到摩洛哥，從義大利到希臘和南斯拉夫，經常受到地震的影響。太平洋的周圍，從安地斯山脈到日本、臺灣也經常發生地震。

地殼的斷裂稱為「斷層」，它以每世紀幾公分的速度不停地移動。這些運動便是大地震發生的原因。聖安得烈亞斯斷層穿越舊金山市，該市在1906年發生過一次造成人員傷亡的地震。波羅契克—莫塔瓜斷層與瓜地馬拉相交，瓜地馬拉在1976年受到一次嚴重地震的影響。安那托利亞斷層則影響著土耳其。

78

地震

中大西洋洋脊*同樣是發生地震的地區。但是地震在這一地區不會產生任何危險，除非是在像冰島那樣浮出海面的地方。

人們預測近年內在土耳其、智利等國家會有重大的、可能造成人員傷亡的地震。在舊金山地區，人們知道將不可避免地發生一次災難性的地震。這次地震已被取名為"Big One"，即「大地震」。

聖安得烈亞斯的斷層

聖安得烈亞斯巨大的地震斷層證明了加利福尼亞州的一部分與美洲大陸是分離的。舊金山與洛杉磯兩市直接受其威脅。

地震

地震的主要策源地

北極圈

亞洲

歐洲

北迴歸線

非洲

赤道

印度洋

南迴歸線

澳大利亞

南極圈

南極大陸

北極海

北美洲

大西洋

太平洋

南美洲

5000km

**毀壞狀態中的
阿雷特鐘樓**

1967年8月13日，當地震*在庇里牛斯的阿雷特發生時，教堂的鐘樓被損壞到這樣的程度，以致於消防人員選擇將其摧毀，來避免任何事故。

地震

地震與火山有關係嗎?

地震地區並不都是火山地區。日本、智利、秘魯、阿拉斯加等地同時是地震地區與火山地區。相反的，喜馬拉雅地區、從阿富汗至巴基斯坦以及印度北部及一直到西藏的地區為地震多發地區，卻沒有火山*。而反過來夏威夷、留尼旺是火山地區，卻很少地震。再者，像加拿大的中部與東部，或巴西等整個地區，既不受地震*的影響，也不受火山噴發*的影響。地震與火山之間並沒有絕對的關係。

造成人員傷亡的地震

強烈地震造成的人員傷亡比火山噴發要多。1556年1月，在中國的陝西省，歷史上死亡人數最多的地震*造成了83萬人的死亡。在較近一些的時期，1976年7月28日，也是在中國，在河北省唐山市的附近，一次芮氏規模七點八級的地震使60萬人喪生。目前所量測到的最強烈的地震是1933年夏天發生在日本的一次規模為八點九級的地震。但它不是死亡人數最多的地震，它的死亡人數只有2990人。死亡人數不僅取決於地震的震度，也取決於人口的密度。沙漠裡的強烈地震當然不會造成任何人的死亡。

在歐洲，地震在1356年摧毀了瑞士的巴塞爾。1755年11月1日葡萄牙里斯本的地震

地震的破壞

1995年1月17日日本的神戶發生地震的時候，大多數的建築物被摧毀。我們在此看到的是一條完全傾斜在旁邊的高速公路。

同樣也是災難性的，有6萬人死亡。1906年4月18日，舊金山的地震引發了一場持續三天的火災，造成了315人死亡，352人失蹤，25萬人無家可歸。在北非，阿加迪爾在1960年2月29日的地震以及後來命名為埃爾阿斯南的奧爾良城在1954年與1980年10月的地震均造成了人員的傷亡。

最近，1995年1月17日當地時間5時46分，一場悲劇性的地震影響了日本。震央*位於神戶市西南20公里處，震動持續了47秒，震級為七點二級。由於震源*相對地比較淺（30公里），損失極為可觀。人們為5500名死者與37000名受傷者感到悲痛。如果這次地震發生得更晚一些，即在上班尖峰時間發生的話，死亡人數還將增加兩到三倍。22萬所住房，以及高速公路、鐵路和港口被摧毀或損壞。重建的費用估計可能為5億法朗。

某些山脈是大陸與大陸的對接和碰撞造成的。事實上，巨大的阿爾卑斯山脈——從法、義的阿爾卑斯山脈延伸到中歐的喀爾巴阡和巴爾幹山脈——是因為非洲與歐洲對撞造成的。同樣，印度「猛撞著」亞洲，因而產生了喜馬拉雅山脈。

地震

法國有地震嗎?

在法國，曾經有而且未來還會有中等強度*的地震*。法國最近一次造成人員傷亡的地震在1909年6月11日發生於普羅旺斯的朗貝斯克。它的規模*據估計為六點四級，造成了46人死亡，摧毀了朗貝斯克、羅涅、聖一卡納、弗內爾等村莊。但是，同一地震在今天將會造成近千人的死亡，因為這一地區的居民增加了。1967年8月13日，在庇里牛斯 — 大西洋省的阿雷特，教堂的鐘樓因地震倒塌。人們為村中的一位女性受難者進行了哀悼。她也是到目前為止在法國最後一位因地震而死亡的人。法國的不少地區被地震所涉及：普羅旺斯一科特達祖爾、阿爾卑斯、庇里牛斯、羅納河流域與萊茵河流域。法國的地震危害示意圖已經被繪製出來。我們應當對此保持警惕。比如當在羅納河流域建造堤壩與核電站時尤其要謹慎。

法國地震危害度示意圖

法國的某些地區，尤其是東南部，呈現出地震*發生較高的可能性。法國已經發生過規模為麥加利震度八級或九級的地震（見p.90），而且在未來還可能會發生。

84

地震

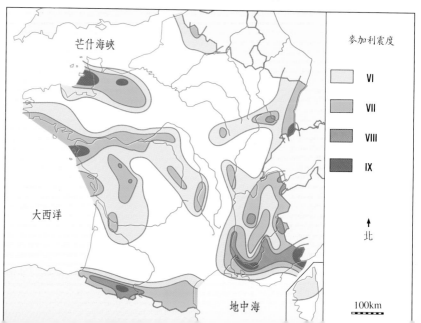

芒什海峽

麥加利震度

	VI
	VII
	VIII
	IX

大西洋

北

地中海

100km

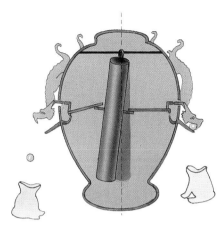

困難的預測

人們理解預測地震避免生命財產損失的必要性。然而，它比預測火山的噴發*要困難得多：地震有時會不告而來，或者地震前的徵兆並不明顯，且複雜得難以解釋。

　　動物對於地震比人類更為敏感，它們有時會顯得不安，有些人在地震前也會感到頭痛，但這些仍然不足以進行良好的預測。井中的水面因為大地變形而變化。中國人曾經嘗試研究出一種以此為根據的預測方法，但是，成功與失敗各半。

中國的地震儀

公元二世紀時，一位中國的數學家張衡創造了這一世界上最古老的地震儀*。當地震發生時，其中一條龍的嘴巴就會張開，並吐出一顆珠子，這顆珠子會掉進一隻蛙的嘴裡。這種巧妙的方法顯示了地震。

85

地震

一個具有某種幽默感的日本人，建了一所屋頂朝下、倒過來的房屋。其門與窗戶也完全是斜的！他覺得這樣他的房屋就絲毫不用害怕下一次地震*了。因為新的地震會把他的房屋矯正過來！

一座防震的建築

在法國格勒諾布爾，這座建築呈現出奇怪的"S"形。這樣將使它能夠更好地抵抗可能發生的地震*。

VAN方法

地震儀*精確地量測出每次震動。有時候，在強震來臨前會先有較小的前震。但是，這種現象始終無法證實，所以無法藉此預測地震。

　　VAN方法，這一名稱得自製訂這一方法的三位希臘地球物理學家姓氏的第一個字母。他們是瓦洛特索斯、阿萊克索普羅斯與尼科莫斯。他們注意到，在地震*前幾個小時或幾天，強度很弱的電流會經過地層。他們認為，若能長期測試土層的電流，人們將有可能預測地震。這個結果是令人鼓舞的。但是，這種方法若要達到100％有效的話，還需要改進。

地震

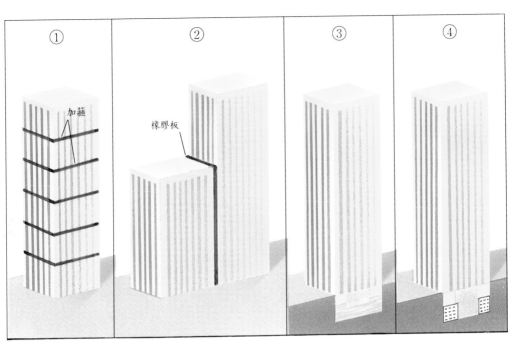

① ② ③ ④

加箍

橡膠板

防震的建築

在無法準確預測地震的情況下，有必要建立一些能夠抵抗地震的建築。這就是人們所稱的防震建築。人們對這些防震建築已制定了一些標準。房屋是用鋼筋混凝土建的，有著非常結實的牆。因此，地震時，天花板不會掉落在地板上，或壓傷居住者。建築物的基礎尤其得到細心的處理，並且有「消震」系統。日本人在這一領域非常的先進。在法國，尼斯－科特達祖爾地區與摩納哥地區是這方面建設得最好的地區之一。

不同類型的防震建築

加箍①避免建築坍倒，而塞進兩幢建築之間的橡膠板②能防止建築物相互碰撞。在液壓消震③或無液體消震④的情況中，它能在震動時分散其發出的壓力，以便減輕壓力。

87

地震

火山的產物

火山岩

火山岩由凝固的熔岩*流產生。最典型的火山岩是黑色的玄武岩*。灰色的熔岩有人稱作安山岩（尤其在太平洋火山圈；請注意，這一名稱來自盛產安山岩的安地斯山脈），也有人稱作粗面安山岩（例如在有沃爾維克石的奧弗涅）。顏色最淺的熔岩是粗面岩與流紋岩。響岩也是淺色的熔岩，它被切成稱為「勞茲(lauzes)」的薄片。當人們在響岩積成的崩塌物上行走時，「勞茲」互相碰撞出聲音。響岩的名字意為「會發出聲音的石頭」。

以上大多數的種類在奧弗涅都可以發現。玄武岩到處都能碰到。上個世紀的地質學家給這些岩石加上了地名。產自多爾山的多爾岩與產自桑西山的桑西岩同屬粗面安山岩，多姆山脈的多姆岩則是一種粗面岩。響岩構成了地勢的起伏，圖伊里埃爾與薩那多瓦爾的岩石也是如此。

88

陽性還是陰性？

火山岩的名詞在法文中一般為陰性，如安山岩 (andésite)、響岩 (phonolite)……。但是，當人們說一塊玄武岩 (un basalte) 與一塊粗面岩 (un trachyte)時，前面的不定冠詞是陽性的。

◀ 阿爾坎塔拉的峽谷：在西西里離埃特納不遠的地方,河邊的熔岩裡被鑿出了一個峽谷。這些熔岩流已經凝固成稜柱束。

礦物

火山岩的礦物成份包括黑色的輝石、閃石、雲母、綠色的橄欖石和白色的長石與石英。深暗的玄武岩主要包括橄欖石與輝石，粗面安山岩主要包括閃石與雲母。流紋岩主要包括石英。所有這些岩石均包括長石。有時候，您可能會在火山裡幸運地發現一個晶洞。晶洞是一個直徑為幾公分的圓洞，裡面充滿稱為沸石的針形白色礦物。

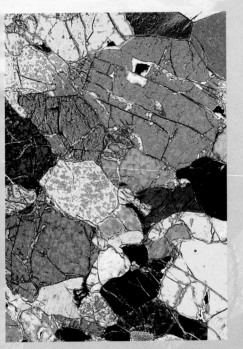

火山灰與火山彈

火山學家把不是熔岩的火山物質叫作「特法拉*」(téphra，意為「火山灰」，但其涵蓋的內容比也譯為「火山灰*」的"cendre"要多)，所以，「特法拉」一詞包括火山灰*、火山彈*、浮石*等等。人們依其大小將之分類。直徑小於2mm為火山灰；2mm至6.4cm之間為火山礫*；超過6.4cm的圓形「特法拉」稱為火山彈；有稜角的「特法拉」則稱為火山塊石*。科學家們使用愈來愈精密的篩子來精確測定每種火山物質的大小。

氣體

從火山*出來的氣體95% ～ 99%由水蒸汽組成。其餘的成份包括無色的二氧化碳以及微藍、淡黃的二氧化物。某些氣體一發出就燃燒：氫產生藍色的火焰，硫黃產生橘黃色的火焰。

"volcanologue"還是 "vulcanologue"?

這兩個詞都存在並被使用。前者參照的是volcan（火山），後者參照的是Vulcain（兀爾肯），即羅馬的火、鍛冶以及火山之神！

▲　火山岩的薄片
礦物在偏光顯微鏡下呈現出漂亮的色彩。人們在熔岩中發現的橄欖石就是如此。

露天火山

朗普特基山的採石場被布置成一個露天博物館，朗普特基山曾在 30400 年前活動過。參觀是進入這個火山[*]內部的唯一機會。人們觀察到了一根火山管以及供應的礦脈，還有巨大的火山彈[*]（見下面的照片）……

實用信息

朗普特基山
露天火山，蒙特爾父子的成就。
省級公路941b，
63230 Saint-Ours。
電話：73 62 23 25 或
　　　73 88 70 84。
一本有趣的指南手冊已由
G. Camus, M. Tort,
Y. Michelin 及 P. Lavina
編撰出版(34 pages, Éditions Artisanales,
63118 Cebazat, 1993)。

地震學的一點知識
地震的震度

麥加利震度與 MSK 震度均包括十二個等級：

I.感覺不到的地震。

II.能為住在高層、正在休息的人所感覺到的地震。

III.具有像載重汽車通過時能感到的輕微震動的地震。分枝吊燈會擺晃。

IV.窗戶、碗碟等劇烈地震動。

V.在住宅之外能感覺到的地震。睡著的人會被驚醒。窗扉搖撞，桌子移動。

VI.人們會感到害怕。煙囪與粗塗灰泥層被損壞。樹與灌木叢在搖動。

VII.難以保持站立狀態。汽車司機感覺到地震。煙囪被摧毀，磚石與瓦片落下。

VIII.磚石建築物被損壞,部分崩塌,地面出現裂縫。

IX.人們感到恐慌。房屋倒塌，地基與屋架被毀壞。

X.出現大滑坡，堤壩與渠道被損壞。

XI.鐵軌完全扭歪。

XII.城市變為廢墟，地形被弄亂。

麥加利震度使人能夠根據地震[*]產生的影響大小來劃分地震。

這一震度曾數次小幅度修改過。

麥德維傑夫、斯蓬赫爾與卡爾尼克 (MSK)震度與麥加利震度非常的接近。

人們怎樣成為
火山學家或
地震學家？

對地球要感興趣，具有科學精神，不對
數學感到討厭！在中學期間，應當取得
物理（地震學與一部分火山學的基礎）
和化學（對火山學極為重要的學科），當
然還有地質學方面的好成績。中學畢業
後，要在大學或專門大學預備班中繼續
學習。大學（布雷斯特、尚貝里、克萊
蒙費朗、馬賽、蒙彼利埃、奧爾塞、巴
黎等大學）、專門學校（里昂與巴黎的高
等師範學校、國立南錫高等地質學校、
阿萊斯、聖太田、巴黎的礦物學校）、地
球物理學院（克萊蒙費朗、格勒諾布爾、
巴黎、斯特拉斯堡的地球物理學院）提
供這方面的教育。

　　每個機構都專於一個或幾個學科
（地球物理、火山應用物理、研究岩石
與火山「特法拉*」的岩類學、火山氣體
的研究……）。經過五年學習可獲得
DEA（深入學習文憑）或DESS（專業高
等學習文憑）。至於博士學位，還得再加
三年。這種學習是漫長與困難的……，
但又是很有趣的。當然，能夠提供的工
作職位不多（目前，法國的火山學家數
目為十來個人），但是，最能說明理由的
是他們希望能夠參與一個科學考察隊。
於是，在世界各個角落（甚至還可能會
在月球與火星）的令人激動的考察與在
實驗室的更為嚴肅的分析在互相交替
著。

91

日本三原山火山口前的雅克－瑪麗－巴
爾丹澤夫：為了防止可能會發生的火山彈*
掉落，戴上防護帽是必要的。

參考書目

阿魯安·塔澤埃夫與卡蒂阿·克拉夫特和莫里斯·克拉夫特的書提供了精美的彩色插圖。這些書的出版不過二十多年，有的已經絕版，有的仍在再版中。

Bardintzeff (J.-M.), 人類與……火山(L'Homme et...les volcans), Le Léopard d'or et Muséum de Lyon, 1991, 76p.

Bardintzeff (J.-M.), 探索火山與地震 (Explorons...Volcans et tremblements de terre), «Rouge et Or», Nathan, Paris, 1993, 52p.

Bardintzeff (J.-M.), 火山 (Volcans), Armand Colin, Paris, 1993, 184p.

Barois (P.), 在活動的火之中 (Dans le feu de l'action), Gabriande, Hem, 1994, 214p.

Cheminée (J.-L.), 火山(Les Volcans), «Explora», Cité des Sciences et de l'Industrie, Paris, 1994, 128p.

Chiesa (P.), 地震與海嘯 (Tremblements de terre et raz-de-marée), «Monde en Poche», Nathan, Paris, 1994, 80p.

Ellenberger (M.), 自然界的現象 (Les Phénomènes naturels), La Compagnie du livre (BRGM), 1994, 64p.

Gaudru (H.),101 座世界上最美的火山(Les 101 plus beaux volcans du monde), Delachaux et Niestlé, Lausanne, 1993, 148p.

Goyallon (J.), 地球與宇宙 (La Terre et l'Univers), La Compagnie du livre (BRGM), 1994, 64p.

Krafft (M.),地球之火：火山的故事(Les Feux de la Terre, histoires de volcans), Gallimard, Paris, 1991, 208p.

Massinon (V.), 火山與人類 (Un volcan et des hommes), «Monde en Poche», Nathan, Paris, 1992, 80p.

Van Rose (S.),火山的發怒(La Colère des volcans), «Les yeux de la découverte», Gallimard, Paris, 1992, 64p.

電影

露天火山；中央山地火山特徵的發現(Volcans à ciel ouvert; découverte des styles volcaniques de la chaîne des Puys), Atalante production, 1994, 26min.

R. Brousse et J. Fabries,珀萊火山的噴發：1902年5月8日 (Éruption de la montagne Pelée, 8 mai 1902), réalisation M. Otero, production SFRS, 1974, 28 min.

J.-F. Lénat et P. Bachelery,拉富爾奈斯：留尼旺島的活火山 (La Fournaise, volcan actif de l'île de la Réunion), réalisation F. Cartault et F.-X. Lalanne, production CNRS-IPG, 1984, 22 min.

G. de Caunes, 活火山埃特納山(L'Etna, volcan vivant), réalisation D. Cavillon, production CRC, Antenne 2 et CNRS, 1986, 13 min.

G. de Caunes,一座沈靜火山的畫像(Portrait d'un volcan tranquille (Piton de la Fournaise)), réalisation J. Brissot, production CRC, Antenne 2 et CNRS, 1986, 13 min.

L. Stieltjes,留尼旺：印度洋中的一座火山(La Réunion: un volcan dans l'océan Indien), production Conseil général de la Réunion- BRGM, 1986, 30 min.

K. et M. Krafft et A. Gerente,拉富爾奈斯：一座海洋中的火山(La Fournaise, un volcan dans la mer), production Vulcain, 1988, 26 min.

K. et M. Krafft,向火山衝擊的20年(Vingt ans à l'assaut des volcans), production Sogitec, 1988, 32 + 22 min.

C. Lesclingand, B. Demarne et J.-L. Pilet,斯科里亞(Scoria), production éd. Lave, 1993, 11 min.

C. Lesclingand, B. Demarne, J.-L. Pliet et J.-M. Bardintzeff, 如果奧弗涅火山向我們敘述 (*Si les volcans d'Auvergne nous étaient contés*), production éd. Lave, 1993, 20 min.

C. Lesclingand, B. Demarne et J.-L. Pilet,義大利的火山 (*Volcans d'Italie*), production éd. Lave, 1993, 30 min.

協會

GÉOPRE（一個研究史前地質環境以及人類與其生活環境間相互作用的協會），77, rue Claude-Bernard, 75005 Paris.

LAVE(歐洲火山協會), 7, rue de la Guadeloup, 75018 Paris.

法國地質學會火山學分會 (*Section de volcanologie de la Société géologique de France*), 77, rue Claude-Bernard, 75005 Paris.

SVE（歐洲火山學協會）, Case

postale 1, 1211, Genève 17 (Suisse).

SVG（日內瓦火山學協會）, Case postale 298, CH 1225, Chene-Bourg (Suisse).

VULCANO（北方業餘火山學家協會）, Guy Lambert, 26, rue des murets Simon, 59151

Arieux.

教育場所

火山之家(*Maison des volcans*), Château Saint-Etienne, 15000 Aurillac.

火山之家 (*Maison du volcan*), 97260 Morne Rouge (Martinique).

火山研究博物館(*Musée du volcanisme*), 97400 Saint-Denis (La Réunion).

奧弗涅火山地區天然公園 (*Parc naturel régional des volcans d'Auvergne*), Château de Montlosier, 63965 Aydat.

補充知識

93

本詞庫所定義之詞條在正文中以星號(*)標出，以中文筆劃為順序排列。

四 劃

火山(Volcan)
從深處流出稱為岩漿*的高溫物質的地方。這些物質積聚成了錐形的山體。這些山體有的坡度很緩（盾牌火山），有的很陡，有的則呈穹丘*狀。由凝固的熔岩*與「特法拉*」交替形成的火山稱為層火山。

火山口(Cratère)
火山*噴發*時熔岩*與「特法拉*（廣義的火山灰）」的出口。火山口可以在火山頂上（山頂火山口）或火山側翼（側翼火山口）。火山口的直徑為一百公尺至一公里之間。在死火山上，火山口會被填沒，或被一個湖所占據。

火山灰(Cendre)
尺寸很小的（小於2mm）凝固岩漿*碎塊。

火山岩渣(Scorie)
黑色或淡紅色的火山岩碎塊，上面有氣泡留下的空隙。

火山穹丘(Dôme)
沒有火山口*的圓形火山*，像一只「倒扣的鍋」。由非常黏稠、不流動的熔岩*凝固積聚而成的。

火山氣體(Fumerolle)
從火山*坡上的小孔或裂縫漏出的氣體。

火山彈與火山塊石
(Bombe et bloc)
由火山*噴發出來，尺寸較大的（有的甚至大到幾公尺）固體碎塊。圓形的為火山彈，有稜角的則為火山塊石。有的火山彈以每秒鐘300公尺，幾乎與音速相同的速度噴射。

火山礫(Lapilli)
由火山*排出的固體碎塊，尺寸為2mm～64mm之間（"64"這一數字顯得有點可笑，但它與2×2×2×2×2×2相等！）。

五 劃

平流層(Stratosphère)
大氣層15公里以上的上層。在0至15公里處為對流層。

玄武岩（玄武岩的）
(Basalte (basaltique))
黑色的火山岩，大部分分布在陸地上，也有的分布在海洋深處。

白榴火山灰(Pouzzolane)
尺寸為數公分的熔岩碎塊*（火山岩渣*）的大量堆積。此名來自義大利那不勒斯附近的地名普佐萊斯(Pouzzoles)。

六 劃

地熱（地熱的）
(Géothermie (géothermique))
把地球內部的熱量作為能源來利用。從地面中抽取蒸汽狀態的水來供應地熱發電站。地熱能源雖然極為重要，但在世界能源中所占的比例還不到百分之一。像所有其他的能源一樣，它是會污染環境的。

地震(Séisme (ou tremblement de terre))
地殼斷裂引起的地表劇烈震動。最開始的斷裂點稱為震源*。

地震(Tremblement de terre)
見地震(Séisme)。

地震的起源地（或震源）
(Foyer (ou hypocentre) d'un séisme)
由於地殼深刻斷裂產生地震*的出發點。地震*波向各個方向傳播。震源垂直至地面的點叫震央。震央能夠最強烈地感覺到震動。

地震儀 (Séismographe (ou sismographe))
極為靈敏能夠測試地震的儀器。人們區分了縱向地震儀與橫向地震儀，前者測試橫向的地殼運動，後者測試縱向的地殼運動。

八 劃

岩漿(Magma)
以固體狀態（火山灰*、火山彈*）或液體狀態（熔岩*），由火山*深處排出的物質，兩種狀態下均伴有氣體。

岩漿室(Chambre magmatique)
位於火山*下數十公里深的巨大容器，容積為數十立方公里。液體的岩漿*有時在裡面滯留數十萬年之久，直到火山噴發*時才噴射到地面。

岩類學家(Pétrographe)
專門研究岩石與岩石礦物質的地質學家。

「拉哈爾」(Lahar)
指稱「泥漿流」的印尼語詞。當暴雨來臨、冰雪融化或火山*湖排水而產生的大水沖走火山上的大量火山灰*時就會產生「拉哈爾」。「拉哈爾」會摧毀其經過的一切。

泥漿流(Coulée de boue)
見「拉哈爾」。

花崗岩(Granite)
岩漿*凝固後產生的岩石。它不會形成於地面。它與玄武岩*同為火山岩的一種，但玄武岩是在地面上形成，而花崗岩則深埋在土中。

十 劃

海底蒸汽(Fumeur)
在海底冒發的蒸汽。依溫度被區分為，160度至300度的白色蒸氣及400度的黑色蒸氣。

海洋中的洋脊
(Dorsale médioocéanique)
延伸於海洋中間的海底火山山脈。一條幾乎連綿不斷的洋脊在大西洋、印度洋與太平洋中延伸著，長達六萬公里。在深度4000公尺的海底，平均高度為1500公尺的洋脊距海面有2500公尺。但在特殊的情況下，它也會浮現出來，並組成一個像冰島那樣的火山島。

海嘯(Raz-de-marée)
由海邊或海底的地震*或火山*噴發*掀起的巨大海浪。它以很快的速度蔓延，在靠近海岸時海浪會增大。日本人稱之為"Tsunami"。

浮石(Ponce)
淺色的火山灰石，因有許多氣泡的空隙，所以非常的輕。有些浮石能浮在水面。

特法拉(Téphra)
希臘語中表示「火山灰」的詞語。廣泛地指稱除熔岩*以外的所有由火山*排出的物質（火山灰*、火山礫*、火山彈*、火山塊石*、浮石*等等）。

破火山口(Caldeira)
源於葡萄牙語，意為「小鍋」，通常是大尺寸的、圓形的火山口*，直徑達數公里，有的則是橢圓形的。人們將大規模爆發產生的爆發性破火山口與火山頂坍塌形成的坍塌性破火山口加以區別。最大的破火山口的成因是混合性的，即先爆炸，後坍塌。

「馬爾」(Maar)
德語單詞，意為位於火山*坡側翼、形狀很圓的火山口*湖。通常，人們把所有這種類型的窪地，不管是有水的，還是無水的，或有時是沼澤的，均稱為「馬爾」。

十一劃

規模（地震的）(Magnitude (d'un séisme))
即地震*的能量，以將地震劃分成九個等級的芮氏地震規模來測量。這種標準比測量震度*的標準要複雜。它是用對數來表示的，也就是說，規模五級的地震比規模四級的地震要強十倍，規模六級的地震比規模五級的地震要強十倍。

十二劃

發光雲(Nuée ardente)
由火山發出的固體、液體與氣體的氣泡混合物。它以很快的速度（可達每小時五百公里）和很高的溫度（可達到五百度）從火山山坡上滾下來。

黑曜岩(Obsidienne)
樣子像玻璃的黑色火山岩。

十四劃

熔岩(Lave)
火山*流出的熔化岩石，溫度為900～1200度。稀薄的熔岩成為熔岩流，糊狀的熔岩則形成火山穹丘*。冷卻後會產生火山岩。

十五劃

噴發(Éruption)
與休息期截然不同的火山*活動期。人們區分了產生熔岩*流的排放型噴發與噴發「特法拉*」的爆炸型噴發。

噴發的蘑菇雲(Panache éruptif)
當火山爆炸性噴發時，呈蘑菇形、在火山上面升起的火山灰*與氣體的物質。它經常到達海拔15公里的平流層*，有時甚至到達40或50公里高的地方。

震央(Épicentre)
見地震的起源地。

震波(Onde sismique)
從震源*開始傳播的震動。不同的震波是相繼產生的。P波是最快的波，它靠近地面的速度是6.5km/sec。S波是第二快的波，它靠近地面的速度是3.2km/sec。震波能穿透地球。它們的速度在地球深處會增加到13km/sec。

震度（地震的）
(Intensité (d'un séisme))
即地震*的能量，以將地震震度分為十二個等級的麥加利震度（或MSK震級）來表示。

震源(Hypocentre)
見地震的起源地。

95

所標頁碼為原書頁碼，從粗體號碼的書頁裡可以歸納出該詞完整的意思。

索引

97

索
引

98

索引

一套專為十歲以上青少年設計的百科全書

人類文明小百科

行政院新聞局推介中小學生優良課外讀物

- 充滿神秘色彩的神話從何而來？
- 埃及金字塔埋藏什麼樣的秘密？
- 想一窺浩瀚無垠的宇宙奧秘嗎？

人類文明小百科
為您解答心中的疑惑，開啟新的視野

EN
SAVOIR
PLUS

人類文明小百科

探索英文叢書・看故事學英文

超級科學家系列
SUPER SCIENTISTS

當彗星掠過哈雷眼前，
當蘋果落在牛頓頭頂，
當電燈泡在愛迪生手中亮起……
一個個求知的心靈與真理所碰撞出的火花，
那就是《超級科學家系列》！

全書中英對照，配合清晰的字詞標示與精美繪圖，學起英文來再也不枯燥。

神祕元素：
居禮夫人的故事

電燈的發明：
愛迪生的故事

遠望天際：
伽利略的故事

光的顏色：
牛頓的故事

爆炸性的發現：
諾貝爾的故事

蠶寶寶的秘密：
巴斯德的故事

宇宙教授：
愛因斯坦的故事

命運的彗星：
哈雷的故事

三民叢刊196　寶島曼波　　李靜平著　定價180元

行政院新聞局推介中小學生優良課外讀物

木屐是做什麼用的呢？
穿的？嘿！那你就太小看它了哨！
生活在衣食無缺的年代，
你是否少了那麼點想像力呢？
沒關係，讓寶島曼波重新刺激你的神經，
告訴你在爸爸媽媽的童年時代裡，
木屐的各種妙用。
小心！別笑到肚子疼喔！

三民叢刊176　兩極紀實　　位夢華著　定價160元

文建會「好書大家讀」1998科學組圖書年度最佳少年兒童讀物

本書收錄作者1982年在南極，
及1991年獨闖北極時寫下的考察隨筆和科學散文，
將親眼所見之動物生態、
風土民情，以及自然景致描繪出來，
帶領你徜徉極地的壯闊之美；
更以關懷角度提出人類與生物、社會與自然、
中國與世界、現在與未來的省思，
是本絕不容錯過的好書。

國家圖書館出版品預行編目資料

火山與地震 / Jacques–Marie Bardintzeff著;呂一民譯
　　－－初版二刷． －－臺北市；三民，民90
　　　面；　　公分－－(人類文明小百科)
　　含索引
　　譯自:Volcans et séismes
　　ISBN 957–14–2623–7(精裝)

　　1.火山　2.地震

354.1　　　　　　　　　　　　　　　86005647

網路書店位址　http://www.sanmin.com.tw

© 火山與地震

著作人　Jacques-Marie Bardintzeff
譯　者　呂一民
發行人　劉振強
著作財
產權人　三民書局股份有限公司
　　　　臺北市復興北路三八六號
發行所　三民書局股份有限公司
　　　　地址／臺北市復興北路三八六號
　　　　電話／二五〇〇六六〇〇
　　　　郵撥／〇〇〇九九九八──五號
印刷所　三民書局股份有限公司
門市部　復北店／臺北市復興北路三八六號
　　　　重南店／臺北市重慶南路一段六十一號
初版一刷　中華民國八十六年八月
初版二刷　中華民國九十年四月
編　號　S 04009
定　價　新臺幣貳佰伍拾元整
行政院新聞局登記證局版臺業字第〇二〇〇號

ISBN　957–14–2623–7　　(精裝)